LOS PÁJAROS SE ORIENTAN CON FÍSICA CUÁNTICA

y el día que Hawking perdió su apuesta

LOS PÁJAROS SE ORIENTAN CON FÍSICA CUÁNTICA

y el día que Hawking perdió su apuesta

Jorge Blaschke

MA
NON
TROPPO

Un sello de Ediciones Robinbook
Información bibliográfica
C/ Indústria, 11 (Pol. Ind. Buvisa)
08329 — Teià (Barcelona)
e-mail: info@robinbook.com
www.robinbook.com

Diseño de cubierta: Regina Richling
Ilustración de cubierta: iStockphoto
Maqueta: Cifra

ISBN: 978-84-15256-41-0
Depósito legal: B-4.373-2013

Impreso por Sagrafic, Plaza Urquinaona, 14 7º 3ª, 08010 Barcelona

Impreso en España - *Printed in Spain*

A Marta, que si me observa estoy y si no me observa no estoy, que a veces me ve como partícula y otras como onda... pero siempre con gran paciencia.

A Jordi Valverde, ingeniero de sistemas, que me ha aconsejado en el complejo mundo de la informática.

ÍNDICE

Siguiendo los pasos de mi último libro, *Los gatos sueñan con física cuántica y los perros con universos paralelos*, continuo explorando en el mundo cuántico y explicando aspectos que no conté sobre este nuevo paradigma. Continuo realizándolo de una forma accesible para todos, procurando ser lo más didáctico posible con aquellos que son profanos en la materia.

Aquellos que han leído el citado libro habrán podido comprobar cómo el universo de la mecánica cuántica no es tan complicado como parece, es sólo cuestión de cambiar de una mentalidad ortodoxa y materialista y aceptar un mundo en el que una partícula puede estar en dos lugares a la vez.

Este nuevo libro es una continuación en la que se profundiza un poco más en el paradigma cuántico, descubriendo sus tres principales implicaciones en lo infinitamente pequeño, lo infinitamente grande y el mundo intermedio en el que estamos nosotros. Tal vez el lector se sorprenderá al leer las repercusiones que tiene el paradigma cuántico en el universo infinitamente grande, y aún más se asombrará conocer cómo afecta al ser humano, y cómo condiciona el mundo del futuro.

Vivimos en un mundo de descubrimientos y progresos que aparecen ante nuestros ojos sorprendiéndonos cada día. La mecánica cuántica aparece inevitablemente en todo este cambio del que ya somos protagonistas. Los descubrimientos científicos surgen de una forma exponencial casi en todos los ámbitos de la ciencia, tratando de adaptarse a las nuevas tecnologías o sucumbir en la ignorancia. Ya sea en la mecánica cuántica, la cosmología, la informática, la Inteligencia Artificial (IA), la biología o medicina, nos encontramos en una eclosión de conocimientos que para la mayoría de seres humanos son muy difíciles de asimilar. Unos conocimientos que a su vez cuestionan muchas de las creencias y conceptos que teníamos sobre la realidad que nos rodea, a la vez que causan preocupantes reflexiones filosóficas, morales y religiosas.

¿Hasta dónde llegaremos en esta carrera que nos lleva por recónditos caminos en una selva que esconde nuevos senderos que nos trasladan a lo más profundo de la jungla? Con toda seguridad acaecerá que toparemos con nuevas entrañas vegetativas, y seguiremos descubriendo que cada vez sabemos menos de más y más cosas. Y que aquello que creíamos que era el centro de lo más profundo de la selva no es más que un vórtice de múltiples puertas con muchas más incógnitas.

No nos engañemos creyendo que un día conseguiremos descubrir todo lo que podemos saber, ese día no llegará nunca. Cada vez que profundizamos en cualquier rama de la ciencia surgen nuevos enigmas y misterios. El día que lleguemos a conocer todas las estrellas de nuestra galaxia, con sus billones de planetas, la historia de esos planetas y sus evoluciones con o sin vida, miraremos fuera de nuestra galaxia y descubriremos que aún nos quedan cientos de millones de galaxias por explorar, y tras ese conocimiento tal vez descubriremos que existen otros universos, con otras leyes y constantes físicas diferentes a las nuestras, con otras complejas formas de vida cuántica.

Nuestro Universo es tan grande, tan inimaginable y tan lleno de contingencias que todo es posible en él. Desterremos la absurda idea que puede llegar un día que no tengamos nada que descubrir. Llevamos más de cinco mil años de civilización, millones de años de tortuosa evolución, y aún desconocemos muchos lugares de nuestro planeta. Hay selvas vírgenes inexploradas con plantas y hongos que pueden revolucionar nuestra farmacopea. El hongo *penicilium*, por ejemplo, forma parte de sólo un 20 por ciento de hongos descubiertos. Mares y océanos son un inmenso lugar completamente desconocido en el que se han descubierto en los últimos años más de 6.000 especies que habitaban entre 1.000 y 5.000 metros bajo el nivel del mar. Y qué decir de las especies que viven en las selvas o en las profundidades de nuestras cuevas. Nuestro cerebro es el órgano más complejo que tenemos y un auténtico desconocido para nosotros mismos. Sólo tenemos unas hipótesis neurológicas de su funcionamiento, sin saber explicar cómo su química es capaz de generar pensamientos, ideas y emociones.

Es necesario explicar a la gente la relación entre la investigación científica y los beneficios que genera después. Al margen del hecho que los descubrimientos que se realizan pueden aportarnos salidas a las crisis, salidas que aporten nuevas energías más económicas, nuevos medicamentos, nuevos tratamientos sanitarios, nuevas tecnologías, etc. Parte de estos avances repercuten en nuestra esperanza y calidad de vida, conocimientos, educación en la población y formación de nuestros jóvenes. Si no educamos a nuestra juventud no tendrán oportunidad de entender nada y decidir nada en el futuro. Las personas sin conocimientos se verán relegadas a no comprender el mundo que le rodea, a no participar en los nuevos descubrimientos que aparecen y resignadas a ver pasar el mundo desde el sillón de su casa contemplado folletines televisivos que sólo le seguirán sumiendo en un eterno letargo vegetativo.

Investigar es una fuente de nuevas ideas y formas de resolver los problemas que tenemos planteados. El descubrimiento de un nuevo medicamento o tratamiento puede resolver problemas de hospitalización, uno de los costes más grandes de la sanidad pública. Satélites meteorológicos nuevos y más precisos sirven para tomar precauciones ante catástrofes naturales. Todo avance en la ciencia tiene una repercusión en la humanidad. Otra cosa es que esos avances se utilicen para el bien o para el mal.

En la primera parte de este libro abordo el mundo de lo infinitamente pequeño, un universo que se presenta ante nosotros cada vez más sorprendente. Pensábamos que con el posible descubrimiento del bosón de Higgs llegábamos a un final, pero todo parece indicar que es sólo un paso más en el mundo de las partículas de lo infinitamente pequeño. No cabe duda que el aumento de potencia del Large Hadron Colidger (LHC) nos deparará descubrimientos en este campo de la mecánica cuántica. Nuevos impulsos nos llevarán a profundizar en la teoría de las cuerdas y en el asombroso mundo del entrelazamiento, que viene a confirmar que somos parte de un todo, tal y como aseguran las filosofías hinduista y budista. En cualquier caso, el mundo de lo infinitamente pequeño, nos sumerge en mundos paralelos, mundos que están en este, y en los multiversos. Lo infinitamente pequeño de la mecánica cuántica nos ha enseñado que precisamos de este microuniverso para entender lo infinitamente grande.

Para comprender lo infinitamente grande empezamos ubicándonos en nuestra galaxia, en nuestro sistema planetario. Vemos que todo el entramado del Universo y su inmensidad tienen una relación con el mundo cuántico, desde su inflación hasta los agujeros negros, como un factor tan inmaterial como la información se convierte en algo tan importante e indestructible como la energía.

Tras lo infinitamente pequeño y lo infinitamente grande está lo que podríamos llamar relativamente el mundo intermedio. Es en este mundo donde sitúo a los seres humanos y las circunstancias de su visón del entorno en el que viven. Y, ahí donde parecía que éramos una excepción, descubrimos que formamos parte del mundo cuántico, y que nuestro cerebro es parte de la realidad cuántica funcionando bajo unas leyes cuánticas que todavía no entendemos completamente. Unas leyes, entre las que está el entrelazamiento, que dan una «posible» explicación a los fenómenos paranormales. No cabe duda que el paradigma cuántico exige una revisión de nuestra filosofía, nuestras creencias y nuestro lugar en este mundo.

Para acceder a todo este mundo infinitamente grande, pequeño e intermedio, precisamos herramientas. Así, en la cuarta parte se abordan estas máquinas: los aceleradores de partículas, sus descubrimientos hoy y las esperanzas del futuro; la Inteligencia Artificial (AI), el mundo que nos depara y la llegada de los cyborgs; la singularidad y los ordenadores cuánticos; la revolución nanotecnológica; así como los descubrimientos que nos deparan los nuevos telescopios y radiotelescopios del futuro cercano. Unas herramientas que forman parte de paradigma cuántico en que vivimos.

La quinta parte nos sumerge en un breve escenario de ciencia ficción y no tanta ficción. Las repercusiones sociales de Internet; las consecuencias de un mundo de seres con una esperanza de vida casi infinita; el encuentro con otras civilizaciones del espacio y sus consecuencias en el sistema social; la necesidad de una ética científica y la irrupción de la filosofía cuántica; así como los nuevos sistemas de gobierno que precisará un mundo cuyos valores ya no serán los que tenemos hoy en día.

Primera parte
LO INFINITAMENTE PEQUEÑO

«Lo esencial es invisible a los ojos —repitió
el Principito, a fin de acordarse.»

Antoine de Saint-Exupéry, *El Principito*

1. EL MUNDO CUÁNTICO

«La centésima parte de la punta de un crin, entre cien nuevamente dividida, del tamaño resultante ha de saberse que es el alma, y que hasta el infinito extiende su forma.»

SVETASVATARA-UPANISAD

Esbozando una microfilosofía de la mecánica cuántica

La mecánica cuántica nos ofrece una visión de la física muy distinta de la que teníamos. La mecánica cuántica y sus principios nos obligan a considerar la física que hemos estudiado hasta ahora como clásica y no aplicable al mundo subatómico.

Los principios que establecen la mecánica cuántica y la composición de la materia y su interacción con la luz dan lugar a extrañas paradojas. Así, la mecánica cuántica se presenta como algo misterioso, con propiedades esotéricas y extraños comportamientos y fenómenos. Un ejemplo de estos fenómenos es la superposición y sus chocantes situaciones, ya que un objeto puede estar en dos lugares distintos, y también puede estar en superposición de ellos, es decir, puede hacer dos cosas distintas a la vez.

Son las paradojas que permiten que un átomo pueda pasar por dos sitios a la vez, y que uno de sus electrones pueda circular alrededor del núcleo en dos órbitas simultáneamente, las que nos hacen intuir un mundo distinto. También vemos como los átomos de apariencia estable pueden, repentinamente, sin causa aparente, experimentar cierta alteración interna. Sin razón aparente, los electrones eligen pasar de un

«(...) a la gente le da miedo pensar, reflexionar sobre los grandes misterios de la vida.»

Kia Nobre
Catedrática de neurociencia cognitiva

estado energético a otro. En el mundo de la mecánica cuántica un objeto no está ni aquí ni allí, sino en dos sitios a la vez. Tampoco tienen forma estable, sólo cuando los observamos quedan definidas sus propiedades. Por tanto las partículas están en todas partes a la vez y sólo cuando las miramos se concreta sus posiciones y propiedades. Si dejamos de mirar dejan de estar, no porque se hayan movido, sino porque las propiedades aparecen y desaparecen de una forma extraña.

En este primer capítulo abordaremos todas estas paradojas y sus protagonistas, las partículas o las ondas. Haremos un ejercicio de imaginación y aceptaremos este extraño mundo subatómico como es, una realidad inherente a nuestro escenario cotidiano. Un nuevo paradigma del que no nos podemos sustraer.

◉

De una pelota de tenis a los quarks y el sueño alquímico.

Se piensa que el mundo cuántico comienza a partir de unas dimensiones determinadas, en realidad todo el Universo, nosotros y lo infinitamente pequeño, forman parte del mundo cuántico. Fue a partir del descubrimiento de lo infinitamente pequeño y sus interacciones con el mundo de la física clásica que se empezó a comprender la realidad de la mecánica cuántica.

Toda la materia que nos rodea, incluido nosotros mismos, está formada de moléculas que contienen átomos. Así, si tomamos una pelota de tenis vemos que está constituida de materiales que son tejidos y fibras que hemos manipulado para darle la forma, color, textura y las propiedades que queríamos. Pero todos estos materiales están compuestos de moléculas que contienen átomos. Nos dará una idea de la pequeñez de los átomos si destacamos que una pelota de tenis contiene 10^{23} átomos, un diez seguido de 23 ceros, cuatro cuatrillones de átomos. Con el átomo sólo hemos hecho que entrar en el mundo subatómico, ya que el átomo

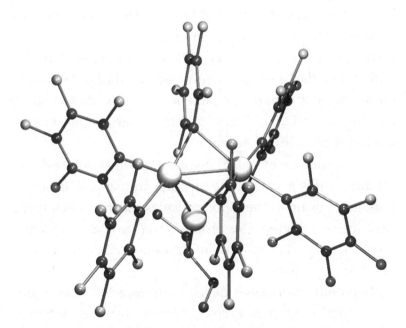

Si considerásemos el núcleo de un átomo del tamaño de un campo de fútbol, los electrones estarían orbitando a la misma altura que la de los satélites artificiales terrestres.

«La revolución cuántica
nos dio una imagen
aún más extraña del mundo.»

Michio Kaku

tiene un núcleo que contiene el 99,9% de su masa. Antes de penetrar en ese núcleo digamos que alrededor de él orbitan los electrones. Al hablar de aspectos del mundo subatómico da la impresión que estamos hablando de partículas completamente comprimidas en espacios reducidísimos. No es así, los espacios subatómicos son tan desoladores e inmensos como las profundidades del espacio.

Una comparación entre el núcleo y los electrones que lo orbitan nos dará una idea sobre ello. Si considerásemos el núcleo de un átomo del tamaño de un campo de fútbol, los electrones estarían orbitando a la misma altura que la de los satélites artificiales terrestres.

Cada núcleo de esos 10^{23} que componen la pelota de tenis que hemos puesto como ejemplo contiene neutrones y protones. Los neutrones son partículas que no tienen carga eléctrica, se adhieren a los protones y entre ellos mantienen el núcleo unido. En cuanto a los protones estos sí tienen carga eléctrica positiva.

El número de protones de un átomo se denomina su número atómico. Si alterásemos el número de protones y neutrones en el núcleo atómico el sueño de los alquimistas de hacer oro se podría conseguir. Joni Mitchell, en una de sus canciones nos decía: «(…) somos polvo de estrellas, somos oro. Somos carbono con miles de años de antigüedad».

Sigamos profundizando. Con los protones y neutrones no hemos llegado a lo más profundo del núcleo del átomo de la pelota de tenis, ya que los protones y neutrones están constituidos por unas partículas más pequeñas llamadas quarks.

Antes de entrar en el modelo estándar de la mecánica cuántica, y con el fin de completar nuestra pelota de tenis, digamos que existen dos tipos de quarks: los *up* (arriba) con carga positiva, y los *down* (abajo) con carga negativa. Los neutrones tienen un quark *up* y dos quark *down*, mientras que los protones tienen dos quark *up* y un *down*. En el origen de nuestro Universo, tras el *big bang*, cuando sólo habían transcurrido 10^{-6} segundos, los quarks *up* y *down* se combinaron para crear protones y neutrones.

Una escala para penetrar en lo más pequeño

Hemos utilizado el ejemplo de la pelota de tenis, pero podíamos haber puesto el ejemplo de una planta o un ser humano. Veamos como iríamos penetrando en una hoja de cualquier planta hasta llegar a las partículas más pequeñas:

- 1 cm (10^{-2} m). Vemos la estructura de una hoja.
- 1 mm (10^{-3} m). Apreciamos los vasos de la hoja.
- 100 micras (10^{-4} m). Podemos observar las células.
- 1 micrón (10^{-6} m). Apreciamos el núcleo celular.
- 1.000 angstrons (10^{-7} m). Vemos el cromosoma.
- 100 angstrons (10^{-8} m). Vemos las cadenas de ADN.
- 1 nanómetro (10^{-9} m). Bloques cromosómicos.
- 1 angstron (10^{-10} m). Nubes de electrones del átomo.
- 10 picómetros (10^{-11} m). Electrón en el campo del átomo.

- 1 picómetro (10^{-12} m). Espacio vacío entre el núcleo y las órbitas de los electrones.
- 100 fermis (10^{-13} m). Se llega al núcleo del átomo muy pequeño.
- 10 fermis (10^{-15} m). Llegamos a mundo de los protones.
- 100 atómetros (10^{-16} m). Llegamos al mundo de los quarks.

Todas estas partículas constituyen un modelo matemático que se conoce como modelo estándar, un modelo que explica las partículas observadas, hasta ahora, por los físicos. En el próximo capítulo entraremos en este modelo que combina la teoría con experimentos.

2. EL MODELO ESTÁNDAR Y EL MUNDO DE LAS PARTÍCULAS

«Un día empezó a aparecer un mundo de partículas inesperadas: neutrinos, el positrón y el antiprotrón, piones y muones, kaones, etc. Era 1960 y se habían detectado centenares de partículas fundamentales... todo un lío.»

STEPHEN BATTERSBY (Investigador científico)

...Y se crearon las cuatro fuerzas fundamentales

Cuando el Universo tenía 10^{-40} segundos aparecieron las partículas elementales y las cuatro fuerzas fundamentales. Una moderna interpretación del Génesis nos representaría a un ser supremo, tal vez un cyborg, creando las cuatro fuerzas fundamentales. Su locución profunda y metálica sustituiría

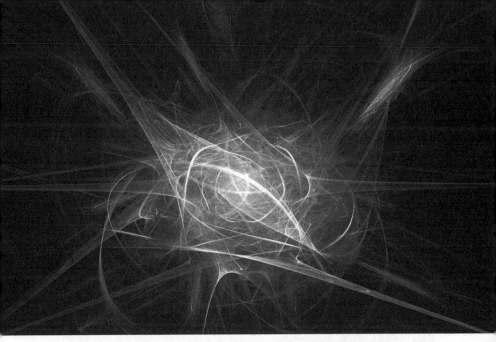

Si el tiempo desde el *big bang* hasta nuestros días lo redujéramos a un minuto, nosotros habríamos aparecido apenas hace 0,002 segundos.

la expresión bíblica infantilizada de «hágase la Luz» por «hágase la fuerza electromagnética»; el «háganse las estrellas», por «hágase la fuerza de la gravedad»; «hágase la vida» por «hágase la interacción débil»; y «hágase la materia» por «hágase la interacción fuerte». En realidad el nuevo creador sólo necesitaría «cuatro días» para crear el Universo. Mejor dicho cuatro instantes de tiempo, el resto que seguiría sería una larga, muy larga y tortuosa evolución de las partículas y sus interacciones con las fuerzas para llegar hasta ahora. En ese recorrido surgirían los elementos, los animales y el ser humano, este último en una escala del tiempo que podríamos calificar de muy reciente.

Si las cuatro fuerzas fundamentales aparecieron hace 13.700 millones de años, la vida inteligente en la Tierra es un episodio reciente, de tan solo un par de millones de años, en realidad menos de un millón de años. Si el tiempo desde el *big bang* hasta nuestros días lo redujéramos a un minuto, nosotros habríamos aparecido apenas hace 0,002 segundos. Hablaremos brevemente de las cuatro fuerzas fundamentales, advirtiendo al lector que podrá encontrar más información en el capítulo tercero de *Los gatos sueñan con física cuántica y los perros con universos paralelos*. Precisamos recordarlas de nuevo para seguir nuestro recorrido por el mundo cuántico.

«La mecánica cuántica parece sugerir que no podemos separarnos de los acontecimientos que observamos.»

Fred Alan Wolf
Físico cuántico

Brevemente destacaremos que las cuatro fuerzas fundamentales son la interacción fuerte, la interacción débil, la interacción electromagnética y la gravedad, ésta última no ha podido ser unificada con las otras tres. Precisamos describir estas fuerzas para comprender su interacción con las partículas elementales.

Empezaremos por la fuerza de la gravedad ya que todos conocemos sus efectos. Es la fuerza que nos mantiene pegados a la superficie de la Tierra, la que nos obliga a gastar una gran energía para poder lanzar un cohete que abandone nuestro planeta, es la que rige las leyes planetarias y sus cuerpos girando al entorno del Sol. En las cercanías de la Tierra la gravedad se manifiesta en todos los cuerpos materiales. Un cuerpo inmóvil cercano a la Tierra es atraído verticalmente hacia ella. Sin la gravedad no existiría ninguna fuerza que juntase la materia y crease las galaxias, estrellas y planetas. Por esta razón la hemos utilizado con nuestro supremo cyborg como creadora de las estrellas, galaxias y planetas.

La gravedad es la única de las cuatro fuerzas que se queda «descolgada», ya que cualquier intento de describir la gravedad a escala microscópica ha fallado.

La gravitación universal de Newton

Fue Newton quién describió la Ley de la Gravitación universal. Se dice que llegó a su desarrollo cuando dormía bajo un manzano y una manzana le cayó encima. Entonces empezó a dilucidar por qué la manzana había caído hacia abajo y no se había perdido desplazándose hacia el espacio.

Ley de la Gravitación: Esta ley de Newton afirma que los objetos se atraen entre sí con una fuerza que es directamente proporcional al producto de sus masas e inversamente proporcional al cuadro de la distancia que los separa.

Primera Ley del Movimiento: Establece que los cuerpos no varían su movimiento a menos que se les aplique una fuerza. Si están en reposo permanecen en reposo.

Segunda Ley del Movimiento: Cuando una fuerza actúa sobre un objeto, el cambio en el momento lineal o la cantidad de movimiento es proporcional a la fuerza aplicada.

Tercera Ley del movimiento: Cada vez que un cuerpo ejerce una fuerza contra otro, éste ejerce una fuerza sobre el primero de igual magnitud y sentido contrario.

La segunda fuerza es la interacción débil, que apareció en los primeros 10^{-40} segundos tras el *big bang*, surgió gracias al enfriamiento, que provocó que esta interacción disminuyese su intensidad, con lo que las partículas de materia adquirieron masa. Es esta interacción la que hace posible las reacciones que convierten neutrones en protones y viceversa. La interacción débil es la responsable de la nucleosíntesis, es decir, la aparición de helio e hidrógeno, elementos que más tarde crearon las estrellas. Sin esta interacción parece improbable que un universo pudiese contener algo que se parezca al nuestro. La interacción débil es la fuerza de la desintegración radiactiva, calienta el centro de la Tierra, que es radiactivo. También provoca la deriva de los continentes y como consecuencia las erupciones volcánicas y los terremotos. Cuando decimos: «Se ha producido un movimiento sísmico»; también podríamos expresar: «Ha actuado la interacción débil».

La interacción fuerte es la responsable de ligar quarks para formar protones y neutrones, unir estos y constituir núcleos atómicos. La realidad es que sin esta interacción la materia no existiría. Cuando manipulamos las partículas subatómicas en colisionadores de partículas o bombas atómicas estamos actuando con la interacción fuerte. Es paradójico que algo tan destructivo como una explosión nuclear esté ligada a una interacción responsable de nuestra existencia.

Finalmente existe la fuerza electromagnética, una interacción que si no existiera no habría luz, ni átomos, ni enlaces químicos. Sus leyes están descritas en las ecuaciones de Maxwell, cuatro ecuaciones que se establecieron en 1864 (La Ley de la electricidad de Gauss; la Ley del Magnetismo de

Gauss; la Ley de Inducción de Faraday; y la Ley de Ampère y generalización de Maxwell). Cuatro interacciones fundamentales para entender cómo afectan a las partículas elementales y, también, para comprender cómo se formó el Universo en que vivimos y cómo nos afectan sus especiales circunstancias.

◉

El modelo estándar

El modelo estándar explica la física de las partículas conocidas hasta ahora. Este modelo determina que las partículas elementales se agrupan en dos clases: bosones (las que suelen transmitir fuerzas) y fermiones. Entre estos últimos están los quarks —de los que ya hemos explicado que cada protón y neutrón están formados por tres quarks—, y también están los leptones entre los que están el electrón y el neutrino.

El cuadro siguiente da una idea de las principales partículas. Vemos entre los fermiones los quarks *up, down, charm, strang, top y bottom*: entre los leptones el neutrino electróni-

	I	II	III	
masa→	3 MeV	1.24 GeV	172.5 GeV	0
carga→	$2/3$	$2/3$	$2/3$	0
spín→	$1/2$ **u**	$1/2$ **c**	$1/2$ **t**	1 **γ**
nombre→	arriba	encanto	cima	fotón
	6 MeV	95 MeV	4.2 GeV	0
	$-1/3$	$-1/3$	$-1/3$	0
Quarks	$1/2$ **d**	$1/2$ **s**	$1/2$ **b**	1 **g**
	abajo	extraño	fondo	gluón
	<2 eV	<0.19 MeV	<18.2 MeV	90.2 GeV
	0	0	0	0
	$1/2$ V_e	$1/2$ V_μ	$1/2$ V_T	1 **Z⁰**
	electrón neutrino	muón neutrino	tau neutrino	fuerza débil
	0.511 MeV	106 MeV	1.78 GeV	80.4 GeV
	-1	-1	-1	±1
Leptones	$1/2$ **e**	$1/2$ **μ**	$1/2$ **τ**	1 **W$^{\pm}$**
	electrón	muón	tau	fuerza débil
				Bosones (Fuerzas)

Tabla periódica de las partículas subatómicas.

co, muónico y teutónico, el electrón, muón y tau. El modelo estándar expone las interacciones como el efecto de partículas materiales que intercambian partículas bosónicas. Estas últimas son las medidoras de fuerza entre fotones y gluones.

Cada una de estas partículas tiene unas propiedades determinadas. Los fermiones son partículas de materia, existen dos tipos los leptones que no experimentan la interacción fuerte y los quarks que sienten la interacción fuerte; los bosones son partículas de fuerza, pero los bosones Z y W son portadores de interacción fuerte; el fotón es portador de la interacción electromagnética; finalmente está el bosón de Higgs del que hablaremos más adelante.

«En el mundo cuántico el observador perturba el Universo.»

Fred Alan Wolf
Físico cuántico

Todos los fermiones (partículas fuentes de interacción) se subdividen en tres familias: a) los leptones (electrón, muón y tau), sus neutrinos asociados y las seis antipartículas correspondientes; b) los quarks, igualmente seis y los antiquarks correspondientes; c) los bariones (nucleones e hiperones) formados cada uno de ellos por tres quarks ligados y sus antipartículas. Luego están las partículas intermedias de las interacciones (también conocidas como partículas de intercambio o cuantos de campo). Todas ellas son bosones (spin nulo o entero). A cada tipo de interacción corresponden partículas intermedias diferentes: fotones para las interacciones electromagnéticas, gravitones para la interacción gravitatoria, ambas de alcance infinito; bosones intermedios para la interacción débil; gluones y mesones para la interacción fuerte, ambas de corto alcance.

Existen cientos de partículas catalogadas hasta ahora. Soy consciente, como el investigador Stephen Battersby, que tras la inesperada irrupción de tantas partículas en lo infinitamente pequeño todo parece un lío. Por lo que vamos a dejarlo así, ya que en este libro lo que se intenta es transmitir un conocimiento de la realidad que nos rodea, no los fundamentos técnicos que nos hablan de cargas eléctricas, spin, números bariónicos y leptónicos y modos de desintegración. Trato de explicar lo elemental, para comprender nuestra realidad, que por lo que vemos es compleja e intrincada. Una realidad que cada vez se va haciendo más complicada y esclarecedora a la vez, una realidad que precisa un mayor conocimiento del mundo que nos rodea, una realidad que se sumerge en un nuevo paradigma que tampoco tiene que ser el definitivo.

El spin, girar como una peonza

El spin (del verbo inglés que significa girar) es una característica intrínseca de los corpúsculos de la microfísica, típica de la mecánica cuántica. Por ejemplo, en el caso del electrón vemos que es poseedor de un spin, un movimiento que se entiende si imaginamos al electrón como una peonza dando vueltas sobre su propio eje. Este movimiento puede ser dextrógiro o levógiro. En el caso de la peonza dependerá de cómo la hemos lanzado y atado el cordel a su alrededor. Lo importante es que ese movimiento confiere un momento cinético y, por tanto, también un momento magnético, ya que el electrón está cargado eléctricamente.

La realidad es que para explicar el Universo tenemos suficiente con el quark arriba y abajo, el electrón y el neutrino electrónico. No sabemos aún que papel desempeñan los otros fermiones.

¿Están en el modelo estándar todas las partículas? Sabemos que las moléculas están compuestas de átomos y en el núcleo de los átomos están los protones que, a su vez, contiene los quarks. ¿Pero son los quarks la última partícula? Hoy existen teorías hipotéticas de que en el interior de los quarks y leptones existen partículas compuestas. Tal vez en el interior del quark exista el hipotético «preón» que aún podría estar formado por constituyentes aun menores. Los futuros experimentos en el LHC nos darán respuesta a estas incógnitas.

3. ABC DE LA MECÁNICA CUÁNTICA

«El mundo es como es, al menos en parte, porque de otro modo no habría nadie para preguntarse por qué es como es».

STEVEN WEINBERG (Premio Nobel)

Principios de la mecánica cuántica

En *Los gatos sueñan con física cuántica y los perros con universos paralelos*, abordo mucho más ampliamente las definiciones que trataremos a continuación. En este capítulo sólo enunciaremos los postulados de mecánica cuántica, para que el lector que no ha leído mi anterior libro, pueda tener una idea de este nuevo paradigma.

Enunciemos inicialmente tres principios de la teoría cuántica: 1) La energía se encuentra en paquetes llamados «cuantos». 2) La materia se basa en partículas puntuales, pero la posibilidad de encontrarlas la da una onda que obedece a la ecuación de onda de Schrödinger. 3) Se necesita una medición para colapsar la onda y determinar el estado final de un objeto.

«La física cuántica representa lo mejor que la ciencia puede ofrecer a la civilización moderna.»

Lawrence Kraus
Físico

Empezaremos por destacar que no podemos observar el mundo subatómico sin modificarlos. Es lo que se conoce como «colapso de función ondulatoria», que es el cambio que se produce en la función cuántico-ondulatoria cuando se observa. También es conocido como «efecto observador» el cambio repentino de una propiedad física de la materia, a nivel subatómico, cuando la propiedad es observada. Una forma sencilla de entender este hecho, sin entrar en el nivel subatómico, es la observación de una gota de agua a través del microscopio. En el mismo momento que la iluminamos para observarla ya no es la misma gota de agua, porque la luz la calienta y la transforma por evaporación. Es un símil sencillo. En la mecánica cuántica no sabemos cual será el comportamiento de una partícula cuando la observamos, y con toda seguridad ese comportamiento no será igual en una segunda observación.

Otro de los postulados de la mecánica cuántica demostrados en experimentos es la dualidad onda-partícula. Este hecho nos afirma que la materia puede existir con dos apariencias, como onda o partícula. Como onda está desplegada en el espacio, como partícula está concentrada ocupando sólo un punto. La dualidad impide observar la materia con sus dos apariencias simultáneamente. Las partículas cuánticas son muy peculiares y pueden atravesar barreras imposibles para la física newtoniana, es lo que se conoce como «efecto túnel». Pueden realizar lo que se conoce como «salto cuántico», que es el cambio súbito que se produce en el estado de un objeto. Como ejemplo tenemos a los electrones que dentro de un átomo realizan saltos cuánticos entre órbitas, a

El Principio de Heisenberg afirma que la posición y la velocidad de un objeto cuántico no se pueden medir simultáneamente y con total seguridad.

A los humanos el mundo próximo nos parece local, porque sólo podemos influir en lo que podemos tocar. Es lo que se conoce como Principio de localidad.

veces sin necesidad de efectuar un recorrido, es decir, desaparecen en un lugar para aparecer en otro.

Lo que sí está demostrado es que existe un «entrelazamiento» o «contacto» entre las partículas, un entrelazamiento que fue demostrado en el experimento EPR, al lanzar las partículas en direcciones opuestas, y descubriendo que pese a las enormes distancias que las separan sigue existiendo una conexión entre ellas. Más adelante hablaremos de esta propiedad ya que tiene una fuerte incidencia en el macromundo.

Otro aspecto que hay que conocer es lo que se conoce como «función de onda», que hace referencia a la onda que acompaña a toda partícula subatómica. En la teoría cuántica, la materia se compone de partículas puntuales, la probabilidad de encontrar la partícula la define la función de onda. Hay que considerar que toda la mecánica cuántica está formulada en términos de estas ondas. Destaquemos algo fundamental en la mecánica cuántica: la «interpreta-

Niels Bohr y Albert Einstein en 1925.

ción de Copenhague». Esta interpretación la dio por primera vez Niels Bohr y establece que es necesaria una observación para «colapsar la función de onda» al determinar la condición de un objeto. Se afirma que antes de realizar una observación, un objeto existe en todas las condiciones posibles, incluso las más absurdas. Pondremos un ejemplo ya que esta interpretación es básica en la mecánica cuántica. Si realizamos un experimento para observar la posición de un electrón, dicho experimento necesariamente empaña la trayectoria que siguió el electrón. Pero cualquier experimento que intente determinar el *momentum* de un electrón hace que sea imposible determinar la localización.

Destacaremos el Principio de Heisenberg que afirma que la posición y la velocidad de un objeto cuántico no se pueden medir simultáneamente y con total seguridad. Podemos medir la posición de un electrón, pero desconocemos hacia dónde va y su velocidad. Si medimos su velocidad no podemos medir su posición.

Finalmente destacaremos que a los humanos el mundo próximo nos parece local, porque sólo podemos influir en lo que podemos tocar. Es lo que se conoce como Principio de localidad. La mecánica cuántica incluye acciones a distancia, no es local, y esta no-localidad o la posibilidad de afectar a algo sin tocarlo es un fenómeno normal, del que hablaremos en otros capítulos.

✳

4. EL BOSÓN DE HIGGS

«El bosón de Higgs abre una puerta, pero aún no sabemos que hay detrás.»

Matteo Cavalli (Miembro del CERN)

«El Higgs es un canto a la capacidad de la mente humana de descubrir los secretos de la naturaleza. Cambiará nuestra visión sobre nosotros mismos y nuestro lugar en el Universo.»

Lawrence Kraus (Físico de la Universidad de Arizona)

Un lago de dulce miel: el campo de Higgs

Hasta ahora se disponía de un modelo estándar que explicaba las interacciones como resultado de partículas materiales que intercambiaban partículas bosónicas. Pero faltaba la partícula de Higgs que era la única partícula fundamental predicha en el modelo estándar que no se había observado, y desempeñaba un papel importante en explicar por qué otras

Peter Higgs, paseando por las Highlands escocesas, ideó una una forma de proporcionar masa a las partículas, pensó en un campo de fuerza, que hoy se conoce como campo de Higgs, y cuyo responsable es el bosón de Higgs.

partículas elementales tienen masa. Aunque la idea de esta partícula parezca reciente su esbozo data de 1964, cuando Peter Higgs, paseando por las Highlands escocesas, se le ocurrió una forma de proporcionar masa a las partículas, pensó en un campo de fuerza, que hoy se conoce como campo de Higgs, y cuyo responsable es el bosón de Higgs.

Sería necesario esperar hasta septiembre de 2012 para que los físicos del Atlas (A Toroidal LHC Apparatus), del CMS (Compact Muon Solenoid) y del LHC (Large Hadron Collider) descubriesen una partícula que correspondía al rango de masa del bosón de Higgs.

«La teoría de Higgs forma parte de un cuerpo impresionante entre cuyas implicaciones está la idea de que el Universo surge necesariamente de la nada.»

Ricardo Solé
Físico y biólogo,
autor de **Vidas sintéticas**.

Antes de explicar las dificultades que entrañó encontrar esta partícula, trataremos de definir algo más el campo de Higgs. Para entender este campo tenemos que imaginar un lago lleno de miel, donde la miel se adhiere a las partículas fundamentales sin masa que atraviesan el lago, convirtiéndolas en partículas con masa. Según Robert Brout, Pater Higgs y François Englert, en el Universo primigenio las cuatro interacciones fundamentales constituían una única superfuerza, pero a medida que el Universo se enfriaba, estas cuatro superfuerzas se separaron en interacciones diferentes. Por otra parte estos tres científicos sugieren la idea que después del *big bang* ninguna partícula tenía masa, y que el bosón de Higgs y su campo asociado aparecieron a medida que el Universo se enfriaba. También destacaron que los fotones de luz, carentes de masa, pueden atravesar el pegajoso campo de Higgs sin cargarse de masa, mientras que otras partículas quedan atrapadas y se vuelven pesadas.

Otro modo muy utilizado de explicar el campo de Higgs es el ejemplo de la sardina y la ballena: la sardina la podemos comparar a un electrón, este pez se desplaza rápidamente porque tiene menos masa e interactúa menos con el agua, elemento que podemos comparar al campo de Higgs. La ballena, un quark, se desplaza más pesadamente, ya que tiene mayor masa y su interacción con el agua es mayor.

El ejemplo del campo de miel me parece más adecuado. Por otra parte me recuerda la película *Solaris*, con aquel océano viviente, donde los visitantes que se materializan están formados por partículas subatómicas estabilizadas por un campo de Higgs.

◉

¡Creo que lo tenemos!

El 4 de julio de 2012, Rolf Heuer, director del CERN destacó al auditorio que lo escuchaba, refiriéndose al descubrimiento del bosón de Higgs: «¡Creo que lo tenemos! Se trata sin duda de un hito histórico, pero al mismo tiempo es sólo el principio». Sus palabras fueron acogidas por un fuerte aplauso.

Si las partículas elementales del inicio careciesen de masa, el Universo mostraría un aspecto completamente distinto del que conocemos. En pocas palabras no lo conoceríamos

Si al bosón de Peter Higgs hubiera que ponerle algún apelativo el más adecuado sería la «partícula de la vida» o de la «existencia», ya que sin su aparición en los orígenes del *big bang* no estaríamos aquí.

porque no habría átomos ni materia ordinaria y nosotros no existiríamos. De manera que el bosón de Higgs se convierte en nuestro creador. Destaco en uno de mis libros que si al bosón de Higgs habría que ponerle algún apelativo el más adecuado sería la «partícula de la vida» o de la «existencia», ya que sin su aparición en los orígenes del *big bang* no estaríamos aquí. Como los científicos del CERN, rechazó los apelativos de «partícula de Dios» o «partícula divina».

El bosón de Higgs es una partícula jamás observada hasta ahora que fue registrada en el detector CMS el 27 de mayo de 2012, al generar un par electrón-positrón y un par muon-antimuón, con el objetivo de desintegrar la partícula de Higgs.

Las partículas, en 2011, se aceleraron hasta alcanzar una energía de 3,5 TeV, lo que provocaba choques frontales con una energía de 7 TeV. La masa del bosón de Higgs está comprendida entre 100 y 130 GeV, exactamente en 126,5 GeV.

Electronvoltio

Es la unidad de energía utilizada principalmente a escala atómica o subatómica. Es la energía cinética adquirida por un corpúsculo cuya carga eléctrica es igual a la de un electrón sometido a una diferencia de potencial eléctrico de un voltio. Dicho de una manera más comprensible, es la cantidad de energía que un electrón recibe si cruza desde la carcasa negativa de una pila de 1 voltio a su polo positivo.

Al hablar de las energías que utilizan los aceleradores de partículas emplearemos los siguientes múltiplos:

• KeV = mil electronvoltios (K de Kilo)
• MeV = un millón de electronvoltios (M de Mega)
• GeV = mil millones de electronvoltios (G de Giga)
• TeV = billón de electronvoltios (T de Tera)

Un GeV equivaldría a la energía liberada en el proceso ideal en que un átomo de hidrógeno se desintegrara en pura energía siguiendo la ecuación de Einstein $E=mc^2$.

El descubrimiento del bosón de Higgs podrá aclarar por qué la fuerza de atracción gravitatoria es más débil que las demás fuerzas, y tal vez el misterio de la existencia de la materia oscura. La importancia del bosón de Higgs se refuerza por la serie de interacciones que tiene. Se cree que el campo de Higgs llena el espacio, como un fluido alterando a los bosones W y Z, limitando con ello el alcance de las interacciones débiles. El bosón de Higgs interactúa también con los quarks y los leptones, dotándolos de masa.

◉

Una probabilidad cada billón de colisiones

Tenemos, por tanto, una partícula que es responsable de la masa de otras partículas. El LHC tuvo que superar muchos problemas para localizar al bosón de Higgs, ya que, por otra parte el bosón de Higgs se desintegra en una billonésima de picosegundo, siendo un picosegundo una billonésima de segundo. ¡Se imaginan el escaso tiempo que representa esta cantidad! Evidentemente es inimaginable y sólo los detectores del LHC son capaces de fotografiar algo disparando sus cámaras millones de veces por segundo, aunque dejara rastro de fotones y electrones. En realidad la probabilidad de que apareciera el bosón de Higgs era de uno cada billón de colisiones. Para ser exactos la producción de un bosón de Higgs y su desintegración en cuatro leptones ocurre una vez cada diez billones (10^{13}) de colisiones entre protones. Lo más complicado es que cada colisión de protones generaba cientos de partículas y una maraña de trayectorias.

Hablar del funcionamiento del LHC es tratar con cifras astronómicas. En los últimos años el LHC ha producido 700 billones de colisiones, 500 millones de colisiones por segundo. Registrándose cada colisión en algunos de los 100 millones de sensores del detector, todo ello seguido por una cámara digital que fotografía millones de veces por segundo. También se utiliza un sistema ultra rápido que descarta el 99,999% de las colisiones, almacenando 500 por segundo. Finalmente citar la computadora Worldwide LHC Computing Grid (WLCG) que almacena 200 petabytes (millones de gigabytes) y 300.000 procesadores.

La partícula encontrada en el LHC, con una estadística de 5 y 5,9 sigmas, tiene unas propiedades compatibles con el bosón de Higgs, por lo que con una máxima seguridad se trata de la partícula más buscada. He destacado que se habla de una seguridad al nivel 5, es decir, una probabilidad de error de una en tres millones, que significa que si aplicásemos este mismo nivel al lanzamiento de una moneda al aire, un sigma 3 representaría obtener 8 caras cada diez lanzamientos, un sigma 5 serían 20 caras en 20 lanzamientos.

Energía de colisión necesaria

Existe una energía necesaria para llegar al conocimiento de ciertas estructuras subatómicas. Esta energía se rige por un principio que, a medida que el tamaño de esta estructura disminuye, mayor es la energía necesaria.

- Para una molécula de 10^{-8} m, se precisa 0,1 eV.
- Para un átomo de 10^{-9} m, se precisa 1,0 eV.
- Para región atómica central 10^{-11} m se precisa 1000 eV.
- Para un núcleo grande 10^{-14} m se precisa 1 MeV.
- Para región central núcleo 10^{-15} m se precisa 100 MeV.
- Para un neutrón o protón 10^{-16} m se precisa 1 GeV.
- Para el efecto quark 10^{-17} m se precisa 10 GeV.
- Para efecto quark con detalle 10^{-18} m se precisa 100 GeV
- Para un bosón de Higgs 10^{-20} m se precisa 10 TeV.

A pesar de la gran despliegue de medios que los científicos desarrollaron para encontrar el bosón de Higgs, los hubo que no creían que el LHC podría encontrar esta partícula, uno de ellos fue, ni más ni menos, que Stephen Hawking, que apostó 100 dólares contra el físico Gordon Kane, pero esta es una historia que ya veremos en el próximo capítulo.

Sin la partícula de Higgs los quarks y los electrones carecerían de masa. El bosón de Higgs es la partícula que permite que nosotros existamos en el Universo, que hayamos evolucionado y podamos pensar para buscar las causas de nuestra existencia. Como destaca el premio Nobel en biología George Wald: «Sería triste ser un átomo en un universo sin físicos. Y los físicos están hechos de átomos. Un físico es la manera que tienen los átomos de saber sobre átomos». Para algunos científicos Higgs es el creador de nuestro Universo, ya que sin bosones de Higgs no se formarían átomos reconocibles por nosotros. El radio de un átomo es inversamente proporcional a la masa del electrón. Si el electrón tiene una masa nula, los átomos serían infinitamente grandes. ¿Qué ocurriría en un universo así? Sucedería que en un mundo sin átomos compactados sería un mundo sin reacciones químicas y sin estructuras estables como los sólidos y líquidos, un mundo en el que nosotros no habríamos aparecido porque no podríamos existir en esas condiciones inestables para la vida.

El descubrimiento del bosón de Higgs no es el final, no es una meta alcanzada en el modelo estándar. Ahora nos encontramos en un nuevo punto de partida de los secretos del Universo. Surgirán nuevas partículas y nuevos fenómenos con sus complejas leyes. Estamos en los inicios de un libro de millones de hojas, donde la materia que se rige por el modelo estándar supone sólo el cuatro por ciento del universo, ya que el resto es energía y materia oscura.

La realidad es que estamos conectados a todo el Universo, y ahora sabemos que ese Universo no está vacío. Como destaca David Gross, Premio Nobel 2004: «El vacío está vacío, pero el vacío cuántico está lleno de fluctuaciones de campo, es un medio dinámico». El vacío no existe, siempre existe el campo gravitatorio y el campo Higgs. El primero puede desaparecer con la distancia, el segundo persiste.

⚛

5. EL DÍA EN QUE HAWKING PERDIÓ SU APUESTA

«El apostador necesita tres seises y consigue tres unos.»

Abu Yazid al Bistami (Maestro sufí)

Apuesta y celebraciones

Los científicos de todas las disciplinas son muy propensos a apostar por sus teorías y a celebrar sus descubrimientos descorchando buenos vinos que regarán grandes cenas. Es una noble tradición que parece estar ampliamente difundida en los laboratorios de todas las disciplinas. Las cenas son consecuencia de éxitos obtenidos, pero las apuestas son de cualquier tipo. En algunos centros de investigación, como los Laboratorios Bell, se llegó a disponer en su cafetería de un libro de apuestas que todos los científicos consultaban cada día, para apoyar una u otra apuesta. El libro, que contenía las firmas de muchos científicos reconocidos, terminó desapareciendo en 1990. Su actual propietario tiene entre sus manos

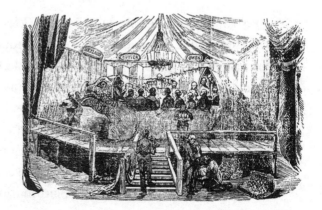

Un grupo de científicos, como conmemoración del descubrimiento de los primeros dinosaurios, encargaron al escultor Waterhouse la reconstrucción de un gran iguanodonte de tamaño natural, en cuyo interior se celebró la cena de fin de año de 1853.

un auténtico tesoro anecdotario de uno de los episodios de la ciencia más desconocido.

Cuando en el siglo XIX estaban en auge los descubrimientos de los primeros dinosaurios, los paleontólogos competían entre ellos y, también, celebraban sus descubrimientos con pantagruélica cenas. Una de las más destacadas se celebró entre un grupo de científicos como conmemoración del descubrimiento de los primeros dinosaurios, y para su celebración encargaron al escultor Waterhouse la reconstrucción de un gran iguanodonte de tamaño natural, en cuyo interior se celebró la cena de fin de año de 1853, en la que no faltaron buenos vinos.

«Dios no sólo juega a los dados. A veces también echa los dados donde no pueden ser vistos.»

Stephen Hawking

En 1870 un cráneo de Mosasaurus (Meuse Lizard, lagarto del Mosa), fue canjeado con los ciudadanos del lugar del descubrimiento por la friolera cantidad de 600 botellas de vino. Uno de los temas que más apuestas originó fue el cometa Halley y sus efectos sobre la Tierra. En su aparición de 1910 había astrónomos que aseguraban que se estrellaría contra la Tierra, y quienes aseguraban que su paso cerca de nosotros no tendría la más mínima consecuencia. Incluso el astrónomo y espiritista Camille Flammarion había anunciado el fin del mundo para el 18 de mayo de 1910, ya que creía que la cola del cometa estaba cargada de cianógeno, gas que envenenaría la Tierra. El miedo y el pánico se refleja en este verso publicado por la revista *Roland von Berlin,* que denota un estado de temor general:

> *El espantoso cometa*
> *nos viene encima coleando.*
> *Mas no cedas a la angustia,*
> *mira el futuro con ánimo.*
> *¡Qué vida, chico la nuestra,*
> *si a pique todos nos vamos!*
> *Estalla un fuego en Oriente,*
> *la Tierra se hunde en el Tártaro,*
> *y sale para la ronda*
> *el último guarda urbano.*
> *Pues ni las autoridades*
> *saben qué hacer en tal caso.*

La realidad de este acontecimiento astronómico fue que los astrónomos empezaron a apostar los unos contra los otros. Había los que decían que el cometa destruiría la Tierra y quienes afirmaban que no pasaría nada de nada. Hubo todo tipo de apuestas, desde dinero a carísimas botellas de vino. Apostar a que el cometa no impactaría con la Tierra tenía más probabilidades de triunfo, ya que los que apostaban en contra sabían que si su pronóstico era acertado no podrían pagar la apuesta, dado que la destrucción sería total. La realidad es que Halley no chocó contra la Tierra y los que habían apostado por esta probabilidad pudieron cobrar su apuesta, los que perdieron brindaron con champán por seguir vivos.

¡Hagan juego, señores científicos!

Parece ser un tema poco serio y frívolo el que los científicos realicen apuestas entre ellos sobre sus descubrimientos, pero es algo de lo más común. Ser científico no es devanarse continuamente los sesos sin disfrutar de la vida. El mundo científico también entraña bromas y apuestas.

La imagen que teníamos el siglo pasado de los científicos ha variado notablemente. Antes un científico parecía un semidios inaccesible de rígida conducta e ideas intachables. En muchas imágenes los vemos en posturas preparadas, impecablemente vestidos y con semblantes serios. Los científicos de hoy son abiertos, naturales, con indumentarias cómodas carentes de formalismos e indiferentes al que dirán por su imagen. Saben que lo importante está albergado en ese kilo y medio de masa cerebral, en cómo lo utilicen, en la empatía que tengan con otros científicos y en su poder de comunicación. Por lo demás son igual que el resto de los seres humanos, con sus emociones, sus empatías, sus apetencias, sus costumbres y sus manías. Son amigos de los encuentros con otros científicos, de las sobremesas con discusiones científicas apasionadas y de las apuestas.

«(…) creemos que todo mal huye de los lugares donde la gente es feliz.»

El chamán **Igjugârjuk** a K. Rasmussen

Durante varios años estuve organizando unos encuentros en los que grandes especialistas de la psicología, neurología y psiquiatría de diferentes países, intervenían como conferenciantes. Sus conferencias aportaban un gran conocimiento al público que acudía, pero lo más enriquecedor eran las cenas que se organizaban con ellos, sus historias informales y sus anécdotas que dilataban aquellas veladas hasta altas horas de la madrugada.

Regresando a las apuestas nos sorprenderíamos saber el número de estas que son capaces de realizar los científicos, y las peculiaridades de estos envites. Las botellas de buen vino, champán o whisky son un ejemplo de ello. El whisky de malta, especialmente el Macallan de más de 22 años, es una de sus apuestas favoritas. El Dom Perignon producido por *Moët & Chandon* es otra. Científicos del CERN celebraron el descubrimiento del bosón de Higgs bebiendo Prosecco, un vino blanco italiano elaborado a partir de una variedad de uvas Glera.

Pero hay otras apuestas. Michel Peskin del Centro de Acelerador Lineal de Stanford, en California, ganó a Sidney Drell una cena para cuatro personas, al predecir con exactitud la masa del quark top. El fallecido científico Richard P. Feynman, Premio Nobel de Física 1965, era un gran apostador y también un adicto a los bares de *topless*. Feynman, a quien no le importaba lo que la gente dijese de él, fue el creador de los diagramas de su nombre que explican las colisiones entre partículas y también uno de los miembros que participó en el Proyecto Manhattan. Como apostador nato, perdió en 1957 una de las apuestas más caras, ya que jugaba 50 contra 1, sobre un tema referente a la paridad izquierda derecha y arriba y abajo en el mundo subatómico.

◉

Me apuesto una suscripción anual a Penthouse

En este juego inocente de apuestas, indudablemente el gran perdedor es Stephen Hawking. Son muchos los que le han dicho que no apueste porque perderá, y él se limita a contestar: «Si estoy en lo cierto mis investigaciones son correctas, y si pierdo al menos habré ganado algunos dólares».

En 1975 perdió su primera y sonada apuesta contra el físico Kip Thorne, un especialista en agujeros negros y máquinas del tiempo, a quien le negó que Cygnus-1, una fuente de rayos X, fuese un agujero negro. Resultó que dicha fuente era un agujero negro, y Hawking tuvo que pagar su apuesta que consistía en un año de suscripción para Thorne de la revista erótica *Penthouse*. Como la apuesta era cuatro contra uno, Thorne se libró de pagar a Hawking lo que había solicitado, cuatro años de subscripción a la revista satírica *Private Eye*.

En 1997 Thorne y Hawking se aliaron para apostar contra John Preskill, físico teórico del Instituto de tecnología de California. Ambos científicos mantenían que los agujeros ne-

En 1975, Stephen Hawking perdió su primera y sonada apuesta contra el físico Kip Thorne, un especialista en agujeros negros y máquinas del tiempo, a quien le negó que Cygnus-1, una fuente de rayos X, fuese un agujero negro. Hawking estaba equivocado.

gros destruyen todo lo que cae en su interior, y que ninguna información puede escapar de un agujero negro. En el 2000, Hawking admitió que estaba equivocado, Thorne no admitió la derrota, por lo que Hawking tuvo que pagarle a Preskill la apuesta: una enciclopedia de béisbol. Hawking perdió su última apuesta frente al físico Gordon Kane, con quién apostó cien dólares a que el bosón de Higgs no sería descubierto. Lamentablemente el 4 de julio de 2012, el CERN anunció que con un grado de consistencia de un 99,9994%, se había detectado el bosón de Higgs. Hawking había perdido cien dólares.

Dicen en broma algunos científicos y divulgadores de ciencia que Hawking no es buen compañero para ir al casino y apostar en la ruleta porque siempre pierde sus apuestas. En realidad fueron los médicos los que perdieron la primera apuesta contra Hawking, ya que le diagnosticaron una corta vida. En ese aspecto Hawking ha triunfado y ha demostrado que pese a sus limitaciones tiene una de las mentes más privilegiadas del mundo científico.

6. ENTRELAZAMIENTO CUÁNTICO

«(…) nosotros y toda la materia del Universo estamos conectados literalmente con los más lejanos confines del cosmos a través de ondas…»

LYNNE MCTAGGART, El Campo

La conexión cuántica

El fenómeno del entrelazamiento cuántico fue acuñado por Erwin Schrödinger en 1935, y se refiere a un efecto cuántico por antonomasia. Su importancia es tal que demuestra que afecta a los sistemas de gran tamaño y a los seres vivos. Basado en este efecto, veremos en la tercera parte de este libro la posibilidad de explicar, de una forma rigurosa y científica, los fenómenos paranormales. También en la tercera parte abordaremos cómo este fenómeno incide en las rutas migratorias de las aves y en las plantas. Por ahora sepamos en qué consiste.

«(…) teóricamente tenemos acceso a información del pasado y del futuro.»

Lynne McTaggart
Autora de *El Campo*

El entrelazamiento cuántico hace referencia a la conexión íntima entre las partículas cuánticas. Cuando estas partículas se entrelazan, ciertos cambios de una de ellas se reflejan de forma instantánea en la otra con independencia de que estén separadas por distancias astronómicas. El experimento por excelencia para demostrar el entrelazamiento es conocido como la paradoja ERP (Albert Einstein, Boris Podolsky y Nathan Rosen). Esta paradoja se basa en dos partículas emitidas por una fuente. En estas partículas sus espines se encuentran en superposición cuántica de estados opuestos, uno es positivo y el otro negativo. En realidad ninguna de las partículas tiene un espín definido antes de que se mida. El experimento consiste en separar las partículas, enviando una al polo norte y otra al polo sur. Según el entrelazamiento cuántico, si los científicos del polo norte miden el espín y resulta que es positivo, la partícula del polo sur asume de forma instantánea el estado negativo, y esto sucede en una comunicación que es más veloz que la luz.

Alain Aspect, en 1982, realizó experimentos con fotones en direcciones opuestas durante un único suceso de un mismo átomo, para que los dos fotones fueran correlativos, y observó que existía esta conexión instantánea de la paradoja EPR pese a que las dos partículas estaban separadas por grandes distancias.

Cada molécula de nuestro cuerpo se comunica con millones de moléculas. Si somos partículas cuánticas el entrelazamiento puede darse también en los seres vivos. Los efectos cuánticos se dan también en los sistemas macroscópicos. Un tema apasionante que veremos en la tercera parte de este libro.

◉

Entrelazamiento en Star Trek

¿Recuerdan a la tripulación del *Enterprise* desplazándose desde un planeta a su nave con sólo solicitar al ingeniero de teletransporte que los «teletransportara»? De pronto, desaparecían del planeta y reaparecían en la nave.

Los personajes de *Star Trek* en plena teletransportación.

Charles Bennett, experto en computación, propuso hace unos años un modelo según el cual el estado cuántico de una partícula podría transmitirse hasta otro lugar por medio del entrelazamiento cuántico. Bennet propuso un método de escaneo y transmisión de la información del estado cuántico de una partícula a otra que estuviera alejada. Había que modificar el estado de la segunda partícula por medio de información de escaneado de modo que se encuentre en estado de la partícula original, mientras que la primera partícula ya no se encuentra en forma original. Lo que propone Bennet, de una forma más sencilla de entender, es transferir el estado de una partícula. Es una especie de teletransporte, la información se envía por medio de un rayo láser.

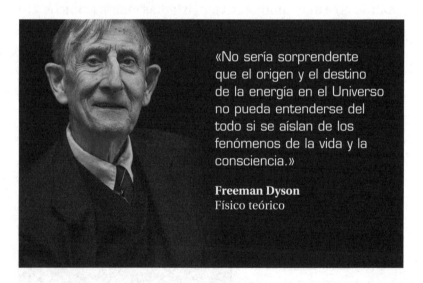

«No sería sorprendente que el origen y el destino de la energía en el Universo no pueda entenderse del todo si se aíslan de los fenómenos de la vida y la consciencia.»

Freeman Dyson
Físico teórico

En 1997 se consiguió teletransportar un fotón, y en 2009 el estado de un ión de iterbio a otro. Sin embargo, cualquier teletransportación de un objeto más grande, un simple virus, es algo prácticamente imposible por ahora. El teletransporte cuántico y sus bases en el fenómeno del entrelazamiento, será útil en los ordenadores cuánticos, dándoles mucha mayor velocidad que los ordenadores tradicionales. Ya hablaremos de los ordenadores cuánticos en la cuarta parte de este libro, pero sepamos que los ordenadores cuánticos podrán utilizar bits cuánticos que existen en una superposición de estados, siendo como monedas que son cara y cruz a la vez.

⚛

7. SIMETRÍA, SUPERSIMETRÍA Y TEORÍA DE CUERDAS

«(...) es que parezco normal.»

Danny De Vito a Arnold Schwarzenegger en *Twins*

El doble fantasma

La supersimetría es una teoría que propone que cada partícula tiene un doble que todavía no se ha descubierto, un gemelo fantasma, pero con unas propiedades muy distintas a la partícula original. Si la teoría de la supersimetría es correcta estos dobles podrían ser la fuente de la materia oscura que forma casi toda la masa del cosmos.

En la teoría de la supersimetría, o «Susy», cada partícula del modelo estándar tiene una partícula gemela supersimétrica más pesada. «Susy» es también una característica crucial de la teoría de cuerdas, en que las partículas más básicas pueden representarse mediante entidades inconcebiblemente pequeñas y unidimensionales que se llaman cuerdas. Se sospecha en que el Universo primordial las partículas y antipartículas eran indistinguibles, coexistían bajo una única entidad sin masa. Cuando el Universo se enfrío y comenzó a expandirse (10^{-12} segundos del *big bang*), la supersimetría desapareció. Cada partícula y antipartícula se convirtieron en entes individuales con sus masas características.

La teoría de la supersimetría surgió para resolver las incógnitas que desencadenaba el bosón de Higgs y el modelo estándar. Por un lado resultaba esencial averiguar por qué las fuerzas electrodébiles eran asimétricas: el electromagnetismo es de largo alcance y, sin embargo, el radio de acción de la fuerza nuclear débil es corto.

¿Existe una simetría oculta?

En cuanto al bosón de Higgs también entraña un curioso enigma el hecho que tenga una masa menor de 1 TeV. En la teoría cuántica, las magnitudes físicas como la masa, no se determinan y se fijan de una vez por todas, ya que se modifican por los efectos cuánticos. El bosón de Higgs ejerce una influencia sobre otras partículas sin aparecer en escena, pero cabe la posibilidad que otras partículas desconocidas influyesen en el bosón de Higgs.

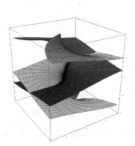

«Las leyes físicas que vemos dependen de la geometría de dimensiones adicionales ocultas.»

Kaluza-Klein

Si el modelo estándar siguiera vigente hasta los 10^{15} GeV, energía en la que se cree que se produce la unificación de las interacciones fuerte y electrodébil, existirían partículas de energía que actuarían sobre el bosón de Higgs.

La opción «technicolor»

¿Cómo aclarar estos enigmas? Una de las posibilidades es recurrir a la supersimetría, que supone que cada partícula tiene un doble, no observado hasta ahora, que se diferencia en el espín. Así, si la naturaleza fuese supersimétrica, las masas de las partículas y sus dobles serían idénticas y su influencia sobre el bosón de Higgs quedaría cancelada. Al estar cada partícula asociada con una superpareja, cada una compensaría a la otra y la masa de Higgs se mantendría pequeña. Si existe la supersimetría, esta habrá de ser una simetría rota.

Una opción para resolver este enigma se ha denominado «technicolor». En esta opción se baraja la posibilidad de que el bosón de Higgs no sea una auténtica partícula elemental, sino un puñado de constituyentes más fundamentales, como un protón que constituye un micromundo con quarks y gluones. En esta idea, la masa del bosón de Higgs sería consecuencia de la energía de sus componentes y no sería tan sensible a procesos energéticos que le aportasen masa.

Los futuros experimentos del LHC, ya en el orden de energías del TeV, consistirán en la exploración de este micromundo, la ruptura de la simetría y la materia oscura.

Partículas supersimétricas hipotéticas

- Quark ----- Squark
- Electrón ----- Electrón
- Neutrino ----- Sneutrino
- Gluón ----- Gluino
- Gravitón ----- Gravitino
- Fotón ----- Fotino

Minúsculos filamentos vibrantes

En *Los gatos sueñan con física cuántica y los perros con universos paralelos*, ya se explicó la teoría de cuerdas, así que sólo realizaré un breve esbozo para refrescar esta idea y sus implicaciones con el modelo estándar y la simetría.

La teoría de cuerdas supone una ruptura con los principios que rigen en el modelo estándar. Según esta teoría, las partículas elementales —quarks, gluones, gravitones, etc.—, no serían puntuales, sino que se corresponderían con las vibraciones de objetos unidimensionales. En lugar de concentrarse en un solo punto, la interacción entre partículas se esparce a lo largo de la cuerda, lo que evita la aparición de infinitos.

Según la teoría de cuerdas si pudiéramos ampliar alguna partícula veríamos realmente una cuerda vibrante. La materia no es más que armonías creadas por estas cuerdas vibrantes, a través de las cuales se puede construir un número infinito de formas de materia.

Sin duda, la teoría de cuerdas es una de las más complejas y difíciles de comprender por los profanos en la materia.

Como ya he destacado antes, la teoría de cuerdas sugiere que las partículas no son puntos, sino minúsculos filamentos vibrantes, en que cada uno vibra con pautas diferentes que dependen de su masa. Hablo de filamentos pequeñísimos, del orden de 10^{-33} centímetros, un billón de billón de veces más pequeña que un átomo.

◉

Una nota que es oída en todo el Universo

Vemos que la materia no es más que armonía creada por cuerdas vibrantes. Esto les gustará a mis amigos los músicos;

«La materia le dice al espacio-tiempo como curvarse, y el espacio-tiempo le indica a la materia como moverse.»

John Wheeler
Físico teórico

además, a través de estas cuerdas vibrantes puede construir-se un número infinito de formas de la materia, como composiciones musicales. El Universo es vibración como lo somos nosotros, cada molécula del Universo tiene una frecuencia única y el lenguaje que emplea para hablar con el mundo es una onda resonante.

Esta teoría se creó para tratar de combinar la gravedad con la teoría cuántica, ya que se describen todas las partículas conocidas en las cuatro fuerzas. La cosa se complica para los profanos cuando se les explica que, para que esto ocurra, para que las ecuaciones se cumplan, es preciso que el Universo tenga más espacios de los que percibimos: la teoría de cuerdas implica dimensiones adicionales, siete más, que con las tres dimensiones —longitud, anchura y profundidad— suman diez. En la teoría M, once dimensiones.

Nosotros no vemos estas dimensiones adicionales porque están compactadas, se pliegan sobre sí mismas a escala tan minúscula que no pueden ser observadas. A los músicos les encantará saber que cada molécula de nuestro cuerpo toca una nota que está siendo oída en todo el mundo. Cuando se toca la batería o se toca un violín se está enviado mensajes vibratorios por todo el Universo.

◉

Teoría de las cuerdas e interacciones gravitatorias

Los físicos cuánticos han buscado siempre una teoría final, una teoría que unificase todas las leyes de la naturaleza, es decir, una teoría que describa las leyes que rigen todas las interacciones fundamentales.

El modelo estándar permite entender las interacciones electromagnéticas, fuertes o débiles, entre las piezas constituyentes de la materia. Pero no se dispone de una teoría cuántica de campos que describa las interacciones gravitatorias de las partículas.

Parece una incongruencia que una de las leyes pioneras, que fue descubierta en el siglo XVII por Newton, se quede descolgada de las interacciones con las otras fuerzas.

La teorías de las supercuerdas parece una firme candidata para ofrecer una teoría cuántica de la gravitación. Las teorías de las supercuerdas constituyen, por otra parte, teorías unificadas de todas las interacciones de la naturaleza.

Las teorías de las cuerdas fueron formuladas en los años sesenta y setenta con el fin de describir las interacciones fundamentales. Ya he definido qué es una cuerda, pero también se podría presentar mediante dos puntos unidos por una goma elástica. Así, mientras que una partícula moviéndose en el espacio describe una línea, una cuerda barre el espacio. Mientras la partícula tiene por magnitud su masa; la cuerda tiene por magnitud su inercia, la tensión de la cuerda.

Las teorías de cuerdas son las primeras teorías cuánticas de la gravitación. Son las únicas

Las cuerdas cósmicas tienen un espesor muy pequeño y pueden tener una longitud de millones de años luz.

que gozan de supersimetría, un principio de simetría que trata igual a bosones y fermiones. Sólo un reducido número de físicos teóricos cuánticos siguen investigando en este campo, aunque no parecen encontrar resultados prometedores en la unificación de las cuatro interacciones.

En la actualidad existen cinco tipos diferentes de teorías de supercuerdas definidas en diez dimensiones, las últimas incluidas en la teoría M, definida en once dimensiones. Esta teoría, la M, es una teoría unificada de todas las supercuerdas y de la teoría de la supergravedad en once dimensiones. En realidad la teoría M no es una teoría habitual, sino un conjunto de teorías. Destaca que la supergravedad interactúa entre membranas de dos y cinco dimensiones, este hecho evidencia la existencia de infinitos universos paralelos, algunos como el nuestro, otros con cuatro o cinco dimensiones.

Bases elementales de la teoría de supercuerdas

• Las partículas elementales, como los electrones, son diminutos bucles de cuerdas.

• Las supercuerdas tiene un grosor nulo y forman bucles cerrados microscópicos.

• Las cuerdas cósmicas tienen un espesor muy pequeño y pueden tener una longitud de millones de años luz.

• Las cuerdas cósmicas no poseen extremos y en universos infinitos adoptan la forma de bucles cerrados.

• Las cuerdas cósmicas tienen un grosor menor que el núcleo atómico, y una masa de unos diez mil billones de toneladas por centímetro.

Universos orbitando en torno a otros universos

Para completar la teoría de las supercuerdas tenemos que mencionar las branas o membranas, superficies extendidas en cualquier dimensión. Una 0-brana es una partícula en un punto. Una 1-brana es una cuerda. Una 2-brana es una membrana. Las branas son mayores que las cuerdas y ocupan más dimensiones.

Dentro de esta clasificación están las branas de Dirichlet o D-Branas, que son superficies grandes y masivas que flotan en el espacio, sus puntos finales de cuerdas abiertas se deslizan sin poder escapar de la superficie. Los electrones y los protones pueden ser cuerdas abiertas, atrapados en una brana. Las D-Branas pueden tener cualquier número de dimensiones, hasta 9. Nuestro Universo podría estar atrapado en D3-brana, una de las cuatro clases de D-branas. La D3-brana es un volumen, con anchura, profundidad y altura. Otros mundos brana podrían estar flotando en dimensiones extra, siendo un universo para los que viven dentro. Las branas se desplazan, se aniquilan entre sí y pueden llegar a formar sistemas de branas orbitando alrededor de otras branas, como las galaxias isla orbitan alrededor de la Vía Láctea, sólo que en este caso tenemos que imaginarnos universos orbitando alrededor de otro universo.

Todo este mundo teórico podrá encontrar respuestas cuando aumente la potencia del LHC, respuestas que nos llevarán a nuevas preguntas en un universo infinito en el que sus enigmas nunca terminan.

⚛

Segunda parte
LO INFINITAMENTE GRANDE

«¡Qué raro! ¡En tu planeta los días duran un minuto!»

Antoine de Saint-Exupéry, *El Principito*

8. UBICÁNDONOS EN UN LUGAR DEL UNIVERSO

«(...) brazos sedosos y suaves que envuelven con elegancia un núcleo de porcelana (...) la galaxia parece un ojo humano cerrado.»

STEPHEN JAMES O´MEARA, refiriéndose a la galaxia del Ojo Negro en la constelación de Coma Berenices.

Como arriba, así es abajo. Como abajo, así es arriba

En la primera parte hemos realizado un recorrido por lo infinitamente pequeño, un recorrido incompleto dado que el mundo subatómico es algo que acabamos de descubrir recientemente, sus teorías apenas tienen sesenta años. Sin embargo, es un mundo que nos está deparando sorpresas a una velocidad imprevisible dentro del marco del nuevo paradigma cuántico.

Lo infinitamente grande, en algunos aspectos, no difiere mucho del mundo infinitamente pequeño. Las leyes de la mecánica cuántica también imperan en este macrouniverso que, en el fondo, está constituido por las mismas partículas que el mundo subatómico. Por lo tanto no hay ninguna razón para que sea diferente. Ambos mundos son como destaca Hermes Trismegisto en su segunda máxima del *Kybalion*:

«Como arriba, así es abajo.
Como abajo, así es arriba».

El Universo es algo que descubrimos en el momento en que un *homo sapiens* u *homo neanderthalensis*, se maravillaron ante la plenitud de estrellas que poblaban el cielo nocturno.

Formamos parte de un todo y las partículas cuánticas existen como constituyentes de lo infinitamente grande, igual que nosotros somos entes cuánticos de un mundo subatómico que forma nuestra estructura. El Universo está poblado de estrellas con sus reacciones cuánticas, así como partículas y misteriosos objetos en los que la mecánica cuántica y sus teorías están presentes.

En contraste con el mundo subatómico, el Universo es algo que descubrimos en el primer momento que fijamos nuestro ojos en el cielo, en el momento que un *homo sapiens* u *homo neanderthalensis*, se maravillaron ante la plenitud de estrellas que poblaban un estrecho brazo del cielo nocturno, un escenario estelar que mucho más tarde otros hombres llamarían Vía Láctea. Poco a poco descubriríamos que no todo lo que centelleaba por la noche eran estrellas, también había planetas como el nuestro, cometas y fugaces bólidos que caían de lo alto del cielo. Desde las primeras observaciones hasta ahora han transcurrido muchos miles de años, sólo en los dos últimos siglos hemos dispuesto de instrumentos capaces de ver los más remotos confines de nuestro Universo. Para ello hemos tenido que poner en órbita grandiosos y costosos telescopios que no sólo captan la luz visible, sino los aspectos más misteriosos de los objetos que nos rodean en infrarrojo, ultravioleta, rayos X y toda una variada gama de ondas.

Hemos descubierto que por los inmensos espacios vacíos del Universo viajan extrañas partículas, como los neutrinos, que también se producen terribles y trágicos fenómenos explosivos que destruyen las estrellas, que existen oscuros y voraces agujeros negros devoradores de todo lo que les rodea. Pero sobre todo hemos descubierto que el Universo es cuántico, y que precisamos potentes aceleradores, como el LHC, grandiosos detectores para investigar sus partículas. Los misterios del Universo que nos rodea no se descubrirán sólo con los potentes telescopios ópticos, será necesario instrumentos que detecten a esos viajeros siderales que son las ondas que nos llegan desde el origen del Universo —fondo de cósmico de microondas, ondas gravitacionales generadas durante la inflación y ondas gravitacionales generadas en el recalentamiento—, y finalmente descubrir por qué solo tenemos acceso a un 4% del Universo, por qué se nos oculta el 21% de la materia, y el 75% de la energía es oscura.

◉

En una arrabal discreto de la Vía Láctea

Parece que estamos ubicados en el centro del Universo, pero no es así, es sólo una ilusión, ya que observemos hacia donde observemos siempre vemos los mismos horizontes y distancias. Pero busquemos inicialmente una ubicación cercana en un escenario más cercano.

Somos el tercer planeta, de una corte de muchos más, que gira en torno a una estrella amarilla enana a 149 millones de kilómetros aproximadamente. Una distancia óptima, como veremos más adelante, para que la vida se desarrolle.

«Se ha abandonado la pretensión de explicar nuestro Universo como si fuera el único mundo posible desde un punto de vista matemático. Hoy el multiverso es lo único que nos queda.»

Leonard Susskind

Es una estrella un millón de veces más grande que nuestro planeta y millones de veces más pequeña que otras estrellas que pueblan el Universo. Por ejemplo, el Sol tiene un diámetro de 1.392.000 Kilómetros, si a esta cantidad le damos el valor de 1 , tenemos que la estrella Betelguese es entre 800 y 900 veces el diámetro del Sol, NML Cygni 1650, Cassiopeia 1190, Monocerotis entre 1170 y 1970, y VV Cephei, la más grande, entre 1000 y 2200 veces. Si el Sol fuese una canica de un centímetro de diámetro, VV Cephei sería a su lado una bola de 20 metros de diámetro y la Tierra un minúsculo punto de mucho menos de un milímetro.

Nuestro Sol ha nacido en uno de los brazos de nuestra galaxia, en el brazo o ramal de Orión, digamos que no es una posición muy privilegiada, es como si estuviéramos en el arrabal de una gran ciudad. Tampoco estamos en un lugar donde abunden las estrellas en nuestro entorno, son escasas, hay once en un radio de 10 años luz, y la más cercana, Próxima Centauro, se encuentra a 4,2 años luz de nosotros. No cabe duda que son desventajas para poder viajar a otros sistemas estelares, demasiada distancia por ahora infranqueable. Por otra parte, nuestra posición en un arrabal de la galaxia tiene sus ventajas, ya que si estuviéramos en el centro de ella, la multitud de radiación emitida por el entorno de estrellas no habría permitido el desarrollo evolutivo de la vida en la Tierra.

Nuestra galaxia es un cuerpo espiral hasta ahora con cuatro brazos: brazo Cruz Centauro, brazo Perseo, brazo Orión (en el que estamos nosotros) y brazo Sagitario. Recientemente, en octubre de 2012, los astrónomos Tom Dame y Pat Thaddems de Cambridge, anunciaron el descubrimiento de un nuevo brazo justo entre Perseo y Cruz de Centauro.

Destacaremos algunos parámetros para poder ubicar nuestro Sol. La galaxia es un disco relativamente plano que tiene un diámetro entre 100.000 y 120.000 años luz. El grosor en su punto máximo es de unos 20.000 años luz y en el mínimo de 3.000 años luz. Nuestro Sol está ubicado, como ya hemos dicho, en el brazo de Orión, a 25.000 años luz del centro de la galaxia, y en un lugar donde el citado brazo tiene un grosor de 700 años luz.

Este descomunal cuerpo estelar de 13.000 millones de años de antigüedad, tiene unas 200 mil millones de estrellas girando en su entorno, así como una cincuentena de galaxias enanas, galaxias satélites que la circundan y de las que ya hablaremos más adelante. Algunos astrónomos cifran el número de estrellas de nuestra galaxia en 500 mil millones de estrellas. La realidad es que cada vez se descubren más núcleos estelares y más galaxias satélites. Sería difícil dar una cifra exacta de estrellas contando las galaxias satélites, por ahora cifremos la cantidad en unas 200.000 millones.

En cuanto al tiempo que emplea una estrella en realizar un giro completo a su alrededor, depende mucho del lugar que se encuentre la estrella y las interacciones con otros objetos del entorno. Concretamente el Sol, a una velocidad de 250 kilómetros por segundo, realiza un giro en unos 250 millones de años. Mientras, la Vía Láctea se precipita hacia el cúmulo de Virgo a un millón de kilómetros por hora. Anecdóticamente, la última vez que estuvimos en la posición actual en torno a nuestra galaxia, nos encontrábamos en el Paleozoico, a finales del Pérmico, coincidiendo con una de las mayores extinciones de especies que sufrió la Tierra, entre las que desparecieron los trilobites.

◉

La galaxia y la familia de galaxias satélites

Dos apuntes más sobre nuestra galaxia. Tiene una característica y es que en su centro se ha descubierto un agujero negro que engulle una nube de gas que tiene el triple de masa que la Tierra. Este agujero negro se encuentra a 20.000 años luz de la Tierra. En torno a este agujero negro orbita la estrella SO-102, completando su traslación 11,5 años.

Nuestra galaxia entraña algunos misterios, uno de ellos es la velocidad de las estrellas que rotan en su entorno. Su velocidad debería disminuir para los astros más alejados del centro, sin embargo, las estrellas más externas rotan a mayor velocidad de lo debido. Se sabe que hay materia oscura cuyas partículas son insensibles a la interacción electromagnética, y que las galaxias están formadas por gigantescas concentraciones de esa materia oscura que se ha denominado «halos».

La galaxia Andrómeda, a 2.300.000 años luz de la Via Láctea.

Por ejemplo, el halo de materia oscura de la Vía Láctea mide, aproximadamente, un millón de años luz... diez veces más que la parte visible de la galaxia.

En cuanto a las galaxias satélites, tanto la Vía Láctea como la galaxia de Andrómeda (la más cercana a la Vía Láctea, a 2.300.000 años luz) viajan acompañadas de una corona de galaxias satélites que distan no más de 800.000 años luz y que giran en su entorno. Son como escualos rodeados de peces rémora que acompañan a estos tiburones pegados a ellos. En nuestra vecindad galáctica se conocen 24 galaxias satélites visibles, pero pueden existir muchas más. Las más destacadas son la Osa Mayor y Menor, la Pequeña y Gran Nube de Magallanes, Dragón, Caballera de Bernice, etc. Todas ellas dentro de unos 100.000 años luz.

Todas las galaxias satélites de la Vía Láctea (dieciséis en el hemisferio Norte) contienen materia oscura y son, cada una, unas mil masas solares aproximadamente. Parece que la presencia de galaxias satélite en otras galaxias depende de un ensanchamiento elipsoide en su centro, un ensanchamiento denominado bulbo galáctico. Cuanto más masivo es el bulbo galáctico, más satélites rodean a la galaxia madre. Por ejemplo, la famosa galaxia M33 carece de bulbo, en consecuencia no tiene galaxias satélites. Nuestra galaxia con sus 200 mil millones de estrellas, no es más que una de las 200.000 millones de galaxias que existen en el Universo, en las cifras más prudentes, ya que para algunos cosmólogos el número de galaxias podría llegar a 500.000 millones.

◉

Expansión del Universo y colisión de galaxias

La galaxia más lejana fue captada recientemente en noviembre del 2012 por el telescopio espacial Hubble. Esta galaxia está a 13.300 millones de años luz, lo que quiere decir que su luz se emitió cuando sólo habían transcurrido unos 420 millones de años desde el *big bang*. Esta galaxia presenta el mayor corrimiento al rojo más alto que se ha observado Z=11. Por ahora se conoce como MACS0647-JD, su diámetro es de unos 600 año luz.

La escala (Z) del corrimiento al rojo
La visión de galaxias lejanas se realiza en la longitud de onda del infrarrojo cercano. La expansión del espacio-tiempo hace que la luz emitida en ultravioleta o en luz visible de los objetos distantes se ve aquí y ahora en infrarrojo, fenómeno del corrimiento al rojo (Z) en el que cuando mayor es el valor de Z más lejos está el objeto.

- $Z = 1$ es la mitad de la edad del Universo (6.850 millones de años)
- En 2004 se logró profundizar hasta $Z=4$ y $Z=6$.
- Con el telescopio Hubble se alcanzó $Z=12$.
- Con el futuro telescopio orbital James Webb se llegará a $Z=15$, lo que significa ver objetos cuando sólo había transcurrido 275 millones de años desde el *big bang*.
- Las primeras estrellas se formaron entre $Z=15$ y $Z=30$
- Las galaxias más distantes están a $Z=11,9$

Uno de los pilares de la cosmología moderna es la ley de expansión del Universo de Hubble. Con su descubrimiento el Universo era dinámico y tenía una edad. En 1929, Edwin Hubble descubrió que cuanto mayor era la distancia de una galaxia respecto a un observador en la Tierra, con más velocidad se alejaba. Como las distancias entre galaxia aumentan continuamente se demuestra que el Universo de expande.

La velocidad de muchas galaxias puede calcularse a partir del desplazamiento al rojo, el aumento que se observa en la longitud de onda de la radiación electromagnética. Un observador en la Tierra ve como todos los grupos de galaxias se alejan de nuestro planeta, y no es porque tengamos una ubicación especial, ya que un observador situado en otra galaxia también vería que todos los grupos de galaxias se alejan de él, y eso es debido a que el espacio se expande como un globo que hinchamos en el que hemos pintado las galaxias como minúsculos puntos.

Nuestra galaxia forma parte de un grupo local de galaxias, formado por unas treinta galaxias en las que con la Vía Láctea se encuentran Andrómeda y la M33. Las colisiones entre galaxias de los grupos locales son frecuentes, son colisiones

Cuando observamos el cielo estamos observando el pasado como era hace millones de años.

en que la galaxia mayor absorbe a la más pequeña a través de su fuerza gravitatoria. La galaxia de Andrómeda se encuentra en ruta de colisión con la Vía Láctea, ambas son de igual tamaño. No debemos estar preocupados por esta colisión, ya que este es un acontecimiento que ocurrirá dentro de muchos millones de años. Andrómeda no es la primera vez que sufre una colisión, ya que el telescopio espacial *Hubble* detectó que en algún instante del pasado, esta galaxia absorbió alguna otra vecina, ya que posee un núcleo doble.

Hablamos frecuentemente de las distancias en el Universo y en realidad son cifras relativas, ya que los objetos están más lejos de lo que su luz, al llegar a nosotros, nos indica. Cuando observamos el cielo estamos observando el pasado como era hace millones de años, de la misma manera que cuando desenterramos un fósil descubrimos cómo era aquella especie hace millones de años.

Vamos a explicar el concepto *Comóvil*, que nos revela que los objetos que vemos están mucho más lejos de lo que asignamos. Tomaremos por ejemplo el objeto ULAS J1120+0641, que comenzó a emitir luz hace 12.900 millones de años luz, cuando el Universo tenía 800 millones de años desde el *big bang*. Por lo tanto estamos hablando de un objeto del que vemos la luz que emitió hace 12.900 millones de años. Pero ese objeto no ha permanecido quieto, se ha ido alejando, nosotros estamos viendo el primer «paquete» de luz que nos emitió. Desde entonces se ha ido alejando y en realidad no está ya a 12.900 millones de años luz. Utilizando el concepto Comóvil, el objeto estaría en estos momentos a 28.850 millones de años luz. Estos nos lleva a considerar que nuestro Universo se ha expandido más de los 13.700 millones de años luz, y que parece el mismo en todas las direcciones que observemos, destacando que no existe un lugar preferido de «punto de partida».

9. EL GRAN ÚTERO

«Un día vi ponerse el sol cuarenta y tres veces.»

ANTOINE DE SAINT-EXUPÉRY, *El Principito*

Trece planetas, 178 satélites y millones de cuerpos

Nuestro sistema planetario es un microuniverso cargado de materia que circunda al Sol. Ocho planetas, cinco planetas enanos, 178 satélites aproximadamente, millones de asteroides, cientos de anillos en torno a planetas, cometas errantes...

Muy brevemente vamos a realizar un viaje por nuestro sistema planetario que es el entorno más cercano que tenemos. No se trata de una descripción astronómica profunda, es sólo un esbozo de lo que contiene nuestro entorno inmediato.

El Sol es una esfera de gas autogravitante que con la presión de su masa, enciende en su interior reacciones nucleares. En realidad es la base del modelo del Reactor Internacional de Fusión (ITER) que se está construyendo en Cadarache, en la Provenza. El Sol es también un astro cuántico que se formó gracias a los quarks *arriba* y *abajo* que se combinaron para dar protones, núcleos de hidrógeno y neutrones, cuando sólo había transcurrido 10^{-6} desde el *big bang*. Su calor proviene de la reacción protón-protón, por lo menos el 75%. El choque de dos protones a alta velocidad provoca que uno pierda su carga positiva y se convierta en un neutrón que permanece unido al otro protón y forme un deuterón, es decir, un núcleo de hidrógeno pesado. Este inmenso reactor solar convierte cada segundo unos 564 millones de toneladas de hidrógeno en 560 millones de toneladas de helio. Así 4 millones de toneladas de materia se transforman en energía solar, una pequeña parte llega a la Tierra y permite que la vida siga en ella. Existimos gracias a una energía solar que llega puntualmente y que nos calienta, ni mucho ni poco, gracias a que nos encontramos en la zona de Goldilocks. En realidad si la Tierra interceptase y captara la energía del Sol íntegra durante un segundo, reuniría toda la energía que necesita el mundo para un millón de años.

No podemos omitir sobre el astro rey la llamada actividad solar, precisamente en un año en que esta actividad alcanza su máximo. El Sol tiene unos ciclos cada once años en los que su actividad se caracteriza por una mayor presencia de manchas solares, explosiones y fulguraciones. Es una actividad en la que el campo magnético se reorganiza y produce explosiones que emiten radiación visible, ultravioleta y rayos X, en ocasiones partículas como protones y electrones. Si se produjera una explosión grande, un estallido de clase X con

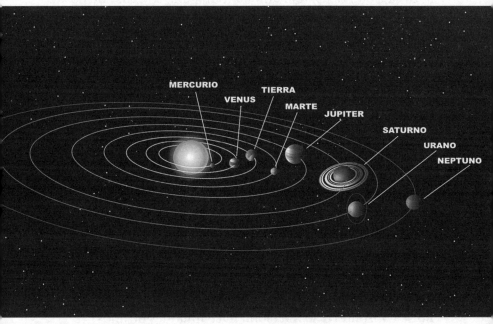

Nuestro sistema solar, con el astro rey en el centro.

eyección de masa de la corona, sería peligrosa para las redes eléctricas y comunicaciones de la Tierra. En 1989 una fulguración de este tipo produjo un apagón en Quebec que afectó a seis millones de personas durante 12 horas.

Descrito brevemente el astro rey mencionaremos ahora la corte de astros que lo rodean.

Mercurio y Venus, por este orden, son los astros más próximos al Sol, su excesiva proximidad hace difícil la vida en ellos, aunque en Venus cabría la posibilidad de algún tipo de bacteria resistente a los gases y temperatura que los envuelve. Trataremos la posibilidad de vida en nuestro sistema planetario más adelante. Por ahora veamos que contiene.

La Tierra es el tercer planeta y el primero más próximo al Sol con un satélite, la Luna. Nuestro planeta se encuentra en la zona Goldilocks, una amplia franja que se extiende desde Venus a Marte y que en su parte central tiene todas las posibilidades de albergar vida.

Marte es el cuarto planeta. Tiene dos satélites y es el objetivo de interesantes exploraciones robóticas que pueden ayudarnos a comprender los límites de la vida en nuestro sistema planetario. Es el primer planeta al que el ser humano ha llegado con sus máquinas de exploración para analizar su superficie y buscar restos de vida.

Júpiter es el quinto planeta, pero entre Marte y él se extiende una amplia franja donde se encuentran los asteroides, más de cien mil. Entre ellos está Ceres, clasificado de planeta enano con 950 kilómetros de diámetro aproximadamente, el resto sólo 26 superan los 200 kilómetros de diámetro. Se cree que todos estos asteroides forman parte de un planeta que no se consolidó o se fraccionó hace millones de años.

Los planetas y sus parámetros

Algunos parámetros de los cuerpos que forman nuestro sistema planetario.

	1	2	3
Sol	695.000	-	-
Mercurio	2.439	57,9	0
Venus	6.051	108,2	0
Tierra	6.378	149,6	1
Marte	3.397	227,9	2

	1	2	3
Ceres	475	450,0 aprox.	-
Júpiter	71.492	778,3	63
Saturno	60.268	1.429,4	62
Urano	25.559	2.870,9	27
Neptuno	24.746	4.504,3	13
Plutón	1.160	5.913,5	5
Makemake	1.500	*	1 ó 2
Haumea	**	*	2
Eris	2.500	*	1

1= radio en Km.
2= Distancia al Sol en millones de kilómetros.
3= Número de satélites.
* Más alejados que Plutón. ** Irregular 1.969 x 990 km.

Júpiter es nuestro ángel de la guarda, ya que su gran tamaño lo convierte en un escudo gravitatorio de todos los cuerpos que deambulan por el sistema planetario y pueden significar un peligro de colisión con nuestro planeta. En los últimos años este inmenso planeta ha recibido el impacto de varios asteroides y un cometa. En 1994 el cometa Shoemaker-Levy impactó con Júpiter en un espectáculo que se pudo seguir, en parte, a través de los telescopios terrestres. En el 2009 y 2010 fueron asteroides los que impactaron, y finalmente en septiembre del 2012 un asteroide impactó en el límite sur de la banda ecuatorial norte.

Júpiter es como un pequeño sistema planetario, es lo que creyó Galileo cuando lo observó por primera vez al observar un cuerpo que tenía varios satélites en su entorno. Podríamos extendernos en sus bandas y su mancha roja pero son temas que cualquier lector encontrará en los libros de astronomía con más detalle. Hablaremos de sus satélites cuando tratemos el tema de la posibilidad de vida en nuestro sistema planetario.

Probabilidades de impacto

Cualquier objeto errante de nuestro sistema planetario o en órbita terrestre (chatarra espacial) tiene probabilidades de impacto, o riesgo, de «caernos» encima. Esta probabilidad se mide por la llamada escala de Palermo. Su fórmula es la siguiente:

$$P = \log_{10} \times Pi/f_b T$$

Pi = es la probabilidad de impacto.
T = es el periodo que falta hasta el evento.
f_b = es la frecuencia anual de impacto que actualmente está situada en $f_b = 0.03E^{-0.8}$.

Existen algunos cuerpos que representan un riesgo para nuestro planeta, asteroides que su órbita atraviesa nuestra órbita. Tal es el caso de Apofis, un cuerpo irregular con un diámetro medio de 320 metros y una velocidad de 5,87 kilómetros por segundo. El pasado 10 de enero de 2013 se acercó hasta 14,5 millones de kilómetros de la Tierra. En su próximo encuentro con nuestro planeta, en abril de 2029, pasará por debajo de las órbitas de los satélites geoestacionarios, a 36.000 kilómetros de la Tierra. Cualquier incidencia en el sistema planetario, por ejemplo la aparición de un cometa o una gran tormenta solar, pueden variar su órbita. De cualquier forma el peligro más real se plantea, todavía más seriamente que en 2029, en el año 2036, ya que es difícil calcular su órbita exacta y su nuevo paso cerca de la Tierra. Cada vez las probabilidades de impacto han ido aumentando y su riesgo de colisión es mayor. Su peligro es evidente, pero también nuestra tecnología en misiles estará mucho más desarrollada en el 2036.

«Si de verdad estamos solos (…) cuánto espacio desaprovechado.»

De la película *Contact*

Seguimos nuestro recorrido por nuestro sistema planetario y llegamos a **Saturno**, el Señor de los anillos, posiblemente el planeta más bello del sistema solar, especialmente por sus más de cien anillos que lo rodean. Cuando Galileo lo observó por primera vez, su instrumento óptico de escasa potencia no tenía la suficiente nitidez para ver los anillos, y al principio le pareció observar un planeta ovoide, de manera que argumentó que «Saturno tenía dos grandes orejones en sus costados». Pese a su belleza estética, en su superficie se gestan tormentas cuyos vórtices alcanzan los 8.000 kilómetros, y se desatan vientos de 1.800 kilómetros por hora.

Urano, el séptimo planeta, también tiene anillos como Saturno, pero es un mundo cubierto por una espesa atmósfera habitual de los gigantes gaseosos. La peculiaridad más importante de este planeta es que tiene una rotación retrógrada, y su eje de rotación no es perpendicular a la eclíptica, sino casi paralelo; utilizando un símil «rueda» como una canica en una superficie plana.

En **Neptuno**, como en Saturno, aparecen en su superficie manchas negras, como la que fotografío el Voyager 2, y vientos de 1.000 kilómetros por hora.

De entre los planetas enanos el que más se conoce es Plutón que está tan lejos que la luz del Sol tarda en llegar más de cinco horas. Más allá de Plutón hay tres planetas enanos Eris, Makemake y Haumea. Más lejos de los límites del sistema solar, si es que podemos hablar de límites.

◉

Adentrándose en el corazón de las tinieblas con *Sound of the Earth*

Al principio eran seis planetas los que dominaban nuestro pequeño universo planetario. A partir de 1781 se incorporó un séptimo, Urano; en 1846 Neptuno, y en 1930 Plutón, que formaría la familia de nueve planetas. Los descubrimientos de Eris, Makemake y Haumea exigieron una nueva recalificación de los planetas. Se acordó en dos grupos, los planetas

La sonda Voyager 1 es el vehículo terrestre que ha llegado más lejos. En enero del 2013 se encontraba a 18.200 millones de kilómetros del Sol y estaba a punto de atravesar la última barrera para adentrarse en el espacio interestelar.

gigantes y medianos y los planetas enanos, en estos últimos además de Plutón, Makemake, Eris, Haumea, se incluyó a Ceres, hasta entonces considerado un asteroide. Al final todos los planetas han terminado siendo trece.

Pero nadie está seguro que más allá de Eris exista algún planeta más. En realidad no se puede decir con exactitud dónde termina el sistema planetario. Ni tampoco se sabe qué se «mueve» en el espacio interestelar. Más allá de Plutón está el cinturón de Kuiper, el Disco Dispersado y la Nube de Oort fuente de los cometas. Hace 35 años se lanzó la sonda Voyager 1, hoy es el vehículo que ha llegado más lejos de la Tierra. En enero del 2013, se encontraba a 18.200 millones de kilómetros del Sol y estaba a punto de atravesar la última barrera para adentrarse en el espacio interestelar.

Voyager 1 ya superó los últimos planetas enanos de nuestro sistema solar. También atravesó el frente de choque de terminación, donde el viento solar encuentra resistencia. Luego se internó en la Heliofunda para llegar hasta una zona de transición no prevista que le llevó a atravesar la Heliopausa y de ahí al espacio interestelar.

Voyager 1 sigue funcionando y en los últimos meses de 2012 detectó una mezcla de partículas locales e interestelares que podrían indicar la presencia de otra zona que se desconoce.

La sonda Voyager 1 tiene un peso de 722 kilogramos y su velocidad es de unos 17 kilómetros por segundo, cifra que aumenta debido a los tirones gravitacionales asistidos. En la actualidad sus señales tardan más de 14 horas en llegarnos. Para mantener su energía se prescindió de los paneles solares, que a determinadas distancias del Sol son inoperantes. Los paneles fueron sustituidos por tres generadores termoeléctricos de radioisótopos que convierten el calor de la desintegración radiactiva del plutonio en electricidad. Voyager 1 será el primer objeto de fabricación humana que abandona nuestro sistema solar. Si seres alienígenos lo encuentran algún día podrán escuchar los sonidos de la Tierra, ya que lleva un disco de sonido llamado: *Sound of the Earth.*

◉

Lugares donde ni el diablo podría vivir... pero con vida

Hemos mencionado la zona de Goldilocks anteriormente, digamos que se conoce con este nombre aquella franja alrededor de una estrella en la que un cuerpo celeste se beneficia de no estar muy alejado de su astro ni tampoco demasiado cerca, de forma que sus condiciones físicas son propensas a albergar algún tipo de vida. La zona Goldilocks no tiene una distancia determinada, dado que dependerá del tipo de estrella y la energía que esta emita. Así la zona Goldilocks puede ser muy próxima ante una gigante roja o muy alejada ante una estrella azul.

En nuestro sistema planetario la vida sólo ha surgido en la Tierra, me refiero a la vida tal y como nosotros la concebimos, es decir, una vida inteligente capaz de razonar, construir barcos, aviones y desplazarse por el espacio cercano. Sin embargo puede existir otro tipo de vida. El pulpo no es un ser inteligente capaz de razonar, por lo menos eso es lo que creemos, pero posee una inteligencia para moverse, camuflarse y estudiar a sus enemigos. Y pongo el pulpo como ejemplo ya que es uno de los animales más inteligentes que conocemos y más adaptados a su entorno.

¿Qué posibilidades tenemos de que exista algún tipo de vida en nuestro sistema planetario? Indudablemente una vida inteligente como la nuestra y con una fisiología parecida a la

Minas de Río Tinto, en Huelva.

nuestra no parece posible. Pero sí es posible la existencia de vida distinta a la nuestra. Athena Coustenis, catedrática de astrofísica, destaca que la vida puede ser distinta en otro lugar, no necesariamente debe partir del agua, puede aparecer a partir del silicio o metano, aunque este argumento ha creado muchas discusiones entre los científicos. Esos tipos de vida podrían experimentar su mundo de un modo muy distinto al nuestro, hasta el punto que la comunicación con ella sería imposible. Podría, incluso, existir vida sin ADN o carbono. En nuestro planeta —bajo tierra, en el fondo de los mares o en lugares como las minas de Río Tinto—, hay organismos que metabolizan azufre, hierro, potasio o metano, otros respiran dióxido de carbono, o viven en lugares de gran acidez, y los hay que toleran la radiación que se recibiría a cien metros de distancia de una explosión atómica. Incluso hay organismos que soportan temperaturas de 200 grados centígrados bajo cero. Habitan lugares donde ni el mismo diablo podría vivir.

◉

Satélites que albergan vida

Cabe la posibilidad que estos organismos o seres más evolucionados de estos organismos vivan en Venus y aguanten el calor y la toxicidad de este planeta. Mercurio está demasiado cerca del Sol y sus temperaturas se aproximan a los 430 grados Celsius, su gravedad también es más débil, lo que nos permitiría saltar por encima de un elefante sin ningún esfuerzo. Marte es otro candidato a cierto tipo de vida, ahora sabemos por la información transmitida por sondas y robots que hay agua a cientos de metros por debajo de la superficie, incluso hielo en sus polos. ¿Podrían existir organismos a gran profundidad y algún tipo de animal complejo? Es probable, ¿acaso los fondos helados de nuestros mares no están poblados de infinidad de criaturas que aguantan grandes presiones y temperaturas increíbles? Se han descubierto, en los últimos años, más de 6.000 especies entre los 1.000 y 5.000 metros bajo el nivel de mar. Especies que soportan grandes presiones, que viven sin la luz del sol y a temperaturas irresistibles. También en simas profundas del mar se han encontrado volcanes que emanan lava y que estas erupciones caldean el agua de su entorno, permitiendo la vida de seres marinos a una temperatura adecuada. Nada nos impide pensar que en Marte o en planetas alejados del Sol haya bajo sus aguas o su superficie actividad volcánica que caldee una zona de su entorno y favorezca cierto tipo de vida. Marte, tendrá cuevas en cuyo interior, no sólo puede existir agua, sino especies de organismos que no podemos llegar a sospechar.

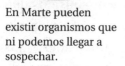

En Marte pueden existir organismos que ni podemos llegar a sospechar.

Diámetro de los satélites

Diámetro de algunos satélites citados y planeta al que orbitan.

Satélite	Planeta	Diámetro en Km
Europa	Júpiter	3.122
Io	Júpiter	3.643
Gamínides	Júpiter	5.262
Calisto	Júpiter	4.821
Titán	Saturno	5.162
Tetis	Saturno	1.062
Dione	Saturno	1.118
Encélado	Saturno	499
Oberon	Urano	1.523
Caronte	Plutón	1.207

En Júpiter y Saturno las condiciones de vida pueden ser más dramáticas, y sobrevivir en un astro gaseoso o con gran presión no parece posible, por lo menos un tipo de vida como la que concebimos nosotros. Los hipotéticos seres de Júpiter o Saturno serían como discos aplanados o tal vez, en el primer planeta, medusas flotantes en su atmósfera.

Pero hay candidatos a algún tipo de vida. Titán, una de las lunas de Saturno, es más prometedora para la vida, ya que dispone de una atmósfera con nitrógeno y la presión es sólo el doble que en la Tierra, por otra parte su superficie está repleta de lagos de acetileno y propano. En la atmósfera de Titán llueven gotas de metano y la abundancia de este gas sugiere que podrían haberse formado en esta luna algunos de los bloques esenciales de la vida.

Titán tiene una atmósfera densa con vientos y lluvias de hidrocarburos, nieblas formadas por aerosoles. La temperatura en esta luna de Saturno es de -180° centígrados en la superficie, por tanto su suelo está helado y poblado de lagos de metano y etano con canales secos. La sonda Cassini descubrió agua líquida bajo la superficie helada de esta luna.

Otra luna prometedora es Encelado, también de Saturno, con una superficie helada y cubierta de cristales de agua eyectados por géiseres, lo que indica cierta temperatura interior.

Europa, satélite de Júpiter, es un excelente candidato a la vida, ya que dispone de océanos de agua bajo una capa espesa de hielo. En realidad, hay más agua en este satélite que en todos los océanos terrestres. Si bajo el agua de nuestros océanos han evolucionado millones de criaturas, algunas tan peculiares como el pulpo, y otras con un grado de inteligencia tan sofisticado como los delfines, también es posible que bajo la superficie de Europa exista algún tipo de vida, si bien es cierto que a temperaturas más bajas que en nuestro planeta, pero sabemos, como hemos explicado antes, que existen organismos que resisten hasta 190 grados bajo cero. Finalmente está Calisto, también satélite de Júpiter, que es candidato a disponer de un océano bajo la corteza helada que lo cubre. En este satélite se han detectados géiseres en su polo sur.

Io es uno de los satélites de Júpiter descubierto por Galileo. Tiene una gran intensa actividad volcánica, posiblemente como consecuencia del efecto de interacción gravitatoria con Júpiter. Su más

El astrónomo y físico italiano Galileo Galilei (1564-1642).

de un centenar de volcanes produce grandes emisiones de dióxido de azufre. Su temperatura en la oscuridad es de -143° centígrados, las rocas se hielan y se forma dióxido de carbono helado. Aun en estas condiciones tan espantosas y con un

28% de la lava cubriendo la superficie puede existir algún tipo de vida microbiana.

Del resto de los planetas de nuestro sistema solar sabemos poco. Existen varios programas espaciales con el fin de explorar Urano y Neptuno. Cabe destacar algo importante, y es el hecho que no son nuestros grandes planetas, Júpiter y Saturno, los que tienen más probabilidades de albergar vida. Esto es algo que tenemos que considerar cuando descubrimos exoplanetas en otras estrellas.

Aun nos quedan por explorar los asteroides que forman el cinturón entre Marte y Júpiter, así como los asteroides Troyanos que siguen la órbita de Júpiter en dos grupos. Los asteroides del cinturón, relativamente grandes, son miles y sus tamaños van desde pequeños fragmentos de roca hasta objetos de cientos de kilómetros. Por ejemplo Ceres, ascendido a planeta, tiene un diámetro de 950 kilómetros; Pallas de 607 kilómetros; Vesta de 519 kilómetros, el resto tiene diámetros menores de 500 kilómetros, pero no podemos, ni a unos ni a otros, despreciarlos como cuerpos que no contengan algún tipo de vida bacteriana.

La colisión de asteroides ocurrida en el Cretácico en nuestro planeta produjo la extinción de los dinosaurios y todos los animales con un peso superior a 50 kilos.

Los asteroides son un peligro para la continuidad de la vida humana, en los últimos 600 millones de años se estima que se han producido unas 2.000 colisiones contra la Tierra, algunas de efectos demoledores, como la del Cretácico que produjo la extinción de los dinosaurios y todos los animales con un peso superior a 50 kilos. La última colisión importante que conocemos tuvo lugar en junio de 1908, un asteroide impactó o explotó sobre la región boscosa de Tunguska, Siberia, devastando un área de 3.900 kilómetros cuadrados. La onda de choque fue oída a una distancia de mil kilómetros. Dentro de la búsqueda de vida en astros de nuestro sistema solar nos quedarían, finalmente, los cometas. Se concentran en una región llamada la nube de Oort, que se encuentra más allá del planeta más lejano del Sistema Solar. El interés en estos cuerpos es su constitución de hielo y rocas, especialmente el hecho de conservar hielo del nacimiento del Sistema Solar.

10. OTROS SOLES, OTROS MUNDOS: LOS EXOPLANETAS

«(…) hay centenares de planetas, a veces tan pequeños que apenas se les puede ver con el telescopio.»

ANTOINE DE SAINT-EXUPÉRY, *El Principito*

Un abismo sin fondo

Inicialmente hemos visto que la vida es algo posible, incluso, en nuestro sistema solar. Si nuestro sistema solar tiene un planeta como la Tierra con una vida inteligente, y tantas posibilidades en los satélites de otros planetas del sistema, por qué no van tener esas mismas posibilidades otros sistemas planetarios de nuestra galaxia y del Universo entero.

Con cien o doscientos mil millones de estrellas en nuestra galaxia ¿sólo nuestro Sol va a ser candidato a albergar vida inteligente? Pensar que sólo nuestro Sol es el único candidato a la vida inteligente de toda la Vía Láctea es razonar con un pensamiento reduccionista y dogmático. Es creernos los reyes del Universo, la especie elegida, los únicos seres de la creación.

Por otra parta, hasta donde alcanzan nuestros telescopios, se han detectado más 200.000 millones de galaxias, algunas más grandes que la nuestra y otras más pequeñas, en cualquier caso eso significa un total aproximado de 10.000 trillones de estrellas (10^{22}), una importante parte de ellas con posibilidades de tener planetas en su órbita. Dawkins destacó que si la posibilidad de que la vida se originase espontáneamente en un planeta, fuera uno contra mil, este evento habría ocurrido en mil millones de planetas, sólo en nuestra galaxia.

El primer astrónomo en defender la existencia de otros planetas en las estrellas fue Giordano Bruno en el siglo XVI, que fue quemado en la hoguera por la Inquisición. Bruno destacó que las estrellas fijas son similares al Sol y que están acompañadas de planetas. Tras la violenta muerte de Giordano Bruno, nadie se atrevió a especular con la posibilidad de planetas más allá de nuestros sistema planetario hasta dos siglos después, en que Newton corroboró esta idea.

Giordano Bruno (1549-1600), el primer astrónomo en defender la existencia de otros planetas en las estrellas.

El problema es que podemos detectar esos planetas pero es difícil alcanzarlos. Llegar a la estrella más próxima, Próxima Centauro, representaría viajar 4,2 años a la velocidad de la luz, para recorrer 41,3 billones de kilómetros, y sería llegar a un posible sistema solar con una estrella enana roja, una de secuencia amarilla como la nuestra, y otra fría y tenue. Estas dos últimas están separadas entre sí por 11 unidades astronómicas. Este sistema es interesante ya que se ha descubierto un planeta en Alfa de Centauro B, que tiene una masa similar a la terrestre aunque no orbita en zona habitable, ya que se encuentra más cerca que Mercurio del Sol.

Otras estrellas próximas a nuestro Sol son Barnard, una enana roja situada a 5,9 años luz; Wolf 359, otra enana roja situada a 7,6 años luz; Lalande21185, enana roja situada a 8,1 años luz; Sirius A y B, la primera enana roja y la segunda enana blanca, situadas a unos 8,6 años luz; y UV Ceti A, enana roja, situada a 8,9 años luz.

Cabe la consideración de cuerpos opacos que estén situados en el espacio interestelar, así como cometas ubicados en los límites de nuestro sistema solar, todos ellos con temperaturas muy bajas pero susceptibles de alguna clase de vida bacteriana.

«(…) la vida deja una impronta en la atmósfera.»

Michel Mayor
Descubridor de exoplanetas

Hoy ya no nos cabe duda que muchas de las estrellas que pueblan el Universo tienen planetas girando a su alrededor. ¿Cuáles de estos planetas tienen posibilidades de albergar civilizaciones inteligentes? Frank Drake desarrolló una ecuación que permite realizar un cálculo sobre la posibilidad de existencia de estas civilizaciones existentes en nuestra galaxia. La ecuación, ya muy conocida por todos, puede localizarla cualquier lector a través de Internet[1]. Se trata de una ecuación en la que el primer factor constituye la materia prima para la comunicación, es decir, el ritmo con el que nacen las estrellas y el tiempo suficiente para alojar planetas con vida biológica.

Los seis factores siguientes tienen en cuenta las probabilidades que se produzca alguna transmisión que podamos oír o entender. La ecuación considera el número de planetas habitables por estrella, datos biológicos, evolución de vida inteligente, cultura, sociología y lapso de tiempo que perdura la tecnología comunicativa.

Es una ecuación voluntariosa, pero los resultados dependen del optimismo o pesimismo del que escribe los factores. Así que tenemos una ecuación en la que pueden existir miles de civilizaciones o ninguna civilización, es decir, que tanto podemos estar solos en el Universo como rodeados de vida por todos los lugares. El astrofísico Ignasi Ribas destaca que si en nuestra galaxia hay 100.000 millones de estrellas (otros cálculos estiman el doble de esta cantidad), un tercio podría tener planetas, o sea, habría 33.000 millones de estrellas con planetas.

◉

---

1. $N = R \times fp \times ne \times fi \times fj \times fc \times L$

Un poco de arqueoastronomía

El tiempo es uno de los factores que tenemos que considerar cuando observamos las estrellas. Si nos ajustamos a lo que nosotros consideramos como tiempo, siempre que observamos el espacio estamos realizando un viaje al pasado. En realidad al mirar las estrellas hacemos arqueoastronomía o paleoastronomía, ya que siempre estamos viendo cómo era aquel astro hace muchos años. Con las estrellas más cercanas vemos su vida hace una docena de años atrás, pero en general con otras estrellas estamos viendo cómo eran hace 100, 500, 1000 y 200.000 años atrás. Este hecho nos tendría que hacer reflexionar sobre las dificultades de un contacto espacial. Si enviamos una señal a un sistema estelar lejano posiblemente la recibirá cuando nuestra civilización haya desaparecido. Si recibimos una señal de un sistema estelar lejano estamos recibiendo un mensaje de hace muchos cientos de años y posiblemente esa civilización ya no existirá.

El tiempo es algo que está contra nosotros en los viajes espaciales. Destacan los cosmólogos que la asimetría del tiempo se debe la expansión del Universo. La flecha del tiempo sólo tiene una dirección, todo transcurre desde un origen de Universo hacia el lugar de «nunca jamás».

El Universo se expande por esta flecha del tiempo, pero sin son ciertas algunas teorías, también se predice su futura contracción. Eso significaría que el Universo, como un globo que se ha hinchado, se deshincharía para regresar al origen de la gran explosión que lo creó. Es decir, la flecha del tiempo cambiaría de dirección. ¿Haría entonces el ser humano un recorrido inverso al actual? ¿Volveríamos a aparecer en el mundo como ancianos moribundos para ir rejuveneciendo hasta nacer?

Viajar a otra estrella se convierte en un problema del tiempo, a no ser que descubramos entre los entresijos del espacio agujeros de gusanos o espacios Moebius, que nos permi-

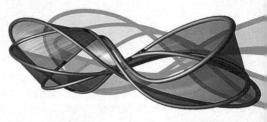

Los agujeros de gusanos o espacios Moebius nos permitirían superar la barrera de tiempo.

tan superar la barrera de tiempo y los años luz que nos separan de otros astros. Claro que puede acaecer el problema que un agujero de gusano no sólo pueda contactar con dos puntos distantes del espacio, sino también el futuro con el pasado, pero este es otro tema.

Posiblemente más cerca del centro de nuestra galaxia, donde las estrellas están más cercanas, las posibles civilizaciones que existan en este enjambre estelar podrán viajar con mucha más facilidad de un sistema a otro. También cabe la posibilidad que un sistema planetario tenga varios planetas habitados, por lo que el contacto entre ellos sea algo habitual.

«En el espacio nadie puede oír tus gritos.»

De la película *Alien*.

Estamos descubriendo planetas en otros sistemas estelares a un ritmo cada vez mayor, en octubre de 2012 se habían

El espectrógrafo del Observatorio Roque de los Muchachos, en la isla de La Palma, puede detectar planetas con una masa igual que la Tierra

descubierto 750 y había unos 2.300 para confirmar. Hasta ahora nuestra técnica para este tipo de descubrimientos han sido rudimentarias, ya que se han valido del tránsito de planeta por delante de la estrella, hecho que disminuye la luminosidad de este astro visto desde la Tierra, pero esto sólo se produce cuando los planetas son grandes como Júpiter que, en su caso y visto su tránsito desde otra estrella, reduciría la luz del Sol un 1 por ciento, un planeta como la Tierra atenuaría la luz un 0,01 por ciento. Por otra parte los tránsitos dependen de la inclinación del planeta y la perspectiva desde la Tierra, es decir la alineación del sistema. Pueden existir muchos más planetas y la inclinación del eje de su sistema planetario no nos permita nunca captar su tránsito por la estrella. Cabe destacar también que la duración del tránsito puede ser muy corta, ya que depende de la velocidad de traslación del planeta alrededor de la estrella. La observación debe realizarse en el momento oportuno.

Otro sistema que se utiliza es el de detectar el bamboleo de la estrella provocado por el tirón gravitatorio del planeta. El más avanzado sistema es el espectrógrafo del Observatorio Roque de los Muchachos en la isla de La Palma, que puede detectar planetas con una masa igual que la Tierra. Se trata de un buscador de Planetas por Velocidad Radial de Alta Precisión Norte que fue inaugurado en abril de 2012.

Pero lo importante es saber, esencialmente, la composición del planeta descubierto, es decir, saber si tiene oxígeno, nitrógeno u otros gases susceptibles de permitir una vida como la nuestra. Precisamos telescopios más grandes y fuera de la Tierra, con sistemas que sean capaces de aislar la luz del planeta, y que a su vez detecten vida a través de biomarcadores, como el oxígeno y el ozono, o rasgos de clorofila de vegetación. En el año 2015 la NASA tiene previsto lanzar un satélite detector de planetas, el TPF (Terrestrial Planet Finder). Se trata de un satélite Coronógrafo que dispone de un sistema que le permite bloquear la luz de una estrella, lo que le revelará la presencia de planetas alrededor de 150 estrellas cercanas, incluso su composición atmosférica. De todas formas las técnicas actuales nos han permitido la detección de un sistema de siete planetas, parecidos a Neptuno, en una estrella a 127 años luz de la Tierra.

◉

Cazadores de exoplanetas

La caza de exoplanetas data desde que se habló de la pluralidad de los mundos habitados. Durante muchos años los astrónomos no creían que las estrellas pudieran ser sistemas planetarios como el nuestro. Seguíamos creyendo que éramos únicos en el Universo. Pronto empezaron a detectarse cambios de luminosidad en las estrellas que revelaban la presencia de astros oscuros transitando en su entorno. El primer planeta extrasolar descubierto fue anunciado por M. Mayor y D. Queloz el 6 de octubre de 1995, se encontraba orbitando la estrella 51 Pegasi, y se le denominó 51 Pegasi b.

Desde este primer descubrimiento la caza de exoplanetas se ha convertido en una moda, y no hay semana que no se descubran nuevos astros, incluso se han llegado a descubrir exoplanetas errantes o huérfanos, que no dependen de ninguna estrella. En 2011 la NASA descubrió 10 planetas en el espacio interestelar que no giraban en torno a ninguna estrella, eran errantes del tamaño de Júpiter. Algunos astrónomos creen que pueden existir millones de estos cuerpos.

Por otra parte las observaciones, especialmente desde satélites, han llegado a descubrir verdaderos sistemas planetarios como el nuestro. En el 2010, ESO con el espectrógrafo HARPS descubrió nueve planetas en una estrella de la constelación de Hydrus a 127 años luz.

En 2011 la NASA descubrió 10 planetas en el espacio interestelar que no giraban en torno a ninguna estrella.

En marzo del 2012, el Observatorio Europeo Austral (ESO) anunció que en torno a las estrellas enanas rojas existían miles de millones de planetas. Cabe destacar que en la Vía Láctea hay 160.000 millones de enanas rojas tipo M.

Uno de los descubrimientos recientes fue anunciado por la NASA en enero del 2013. Ya que la misión Kepler había localizado 461 candidatos a planetas nuevos, cuatro de ellos en zonas habitables. Las cifras de planetas detectados superan los 3.000, algunos deben ser ratificados, pero ya es una cantidad lo suficiente elevada para admitir que lo corriente y normal es que una estrella tenga planetas en su entorno.

Algunos sistemas de planetas detectados son de una familiaridad tranquilizadora, otros poseen diferencias asombrosas, inquietantes y turbadoras para la ciencia. La mayoría orbitan alrededor de estrellas de la secuencia principal, es decir, similares al Sol. Así, la mayor parte de los planetas descubiertos se encuentran en torno a estrellas enanas. Uno de cada cinco exoplanetas descubiertos reside en sistemas binarios, algunos en triples, por lo que las puestas y salidas de sus soles mostrarían aspectos maravillosos en su superficie y complicados ciclos de la naturaleza, sin mencionar los efectos de la gravedad sobre la superficie y la posible vida del planeta.

◉

Planetas, planetas y más planetas

Las diferencias de órbitas y velocidades de estos planetas alrededor de sus estrellas muestra la gran variedad de mundos existentes y, en consecuencia, la pluralidad de sistemas de vida que podrían existir sometidos a diferencias abismales con nuestro método de vida, horarios y estaciones. Así, por ejemplo, 51 Pegasi tiene un planeta que gira alrededor de su estrella en sólo cuatro días, algo vertiginoso si consideramos los 365 días que nos cuesta a nosotros completar una traslación alrededor del Sol. Glise 876, estrella situada a 15 años luz de nosotros, una distancia relativamente cercana, se caracteriza por la presencia de un planeta más masivo que la Tierra que órbita sólo en dos días. Además en este sistema se han detectado dos planetas más del tamaño de Júpiter. Cancri 55, tiene en su órbita un gemelo de Urano, dos gemelos de Júpiter y cuatro planetas más. Gliese 436, que es una estrella roja, tiene un planeta de las dimensiones de Neptuno. Glise 581, una estrella enana roja situada a 20 años luz de nosotros tiene un planeta cinco veces mayor que la Tierra. Glise 581 es uno de los 100 astros más cercanos a la Tierra. Su planeta da la vuelta a la estrella una vez cada 13 días, y se encuentra 14 veces más cerca de la estrella que la Tierra del Sol, eso hace que su temperatura media, en su superficie, sea comparable a la terrestre y compatible con el agua líquida. El sistema Glise 581 aprecia indicios de otros planetas, algo más masivos y que estarían más lejanos de la estrella.

La variedad de sistemas planetarios es increíble y, en algunos casos, sorprendentes por sus características. Se han llegado a descubrir planetas que orbitan en planos diferentes, como es el caso del sistema planetario de la estrella Upsilon Andromedae, estrella más joven y masiva que nuestros Sol. En este sistema dos de sus planetas no siguen el mismo plano orbital, están inclinados 30 grados una órbita con respecto a la otra.

Otro planeta sorprendente es HD 209458b, un planeta con un masa inferior a Júpiter que está situado cien veces más cerca de su estrella que Júpiter del Sol. Su atmósfera alcanza una temperatura superior a los 1.000° C, y se escapa al espacio a una velocidad de 35.400 kilómetros por hora creando una especie de cola cometaria. Se supone que algunos de los planetas descubiertos pueden tener satélites que debido a su tamaño no son percibidos por nuestros instrumentos. Si algunos de nuestros grandes planetas como Júpiter y Saturno tienen abundantes satélites, también es lógico pensar que los planetas extrasolares los tengan.

El tamaño del exoplaneta Gliese 667C (derecha), comparado con la Tierra (izquierda, arriba) y Marte.

Otro planeta, OGLE-2005-BLG-390Lb, también gira en torno a una estrella enana roja, cinco veces menos masiva que el Sol, y está situado a 20.000 años luz de nosotros en la constelación de Sagitario. Este planeta completa una órbita alrededor de la estrella cada diez años. Dado que se encuentra muy alejado de la estrella, como Plutón en nuestro Sistema Solar, su temperatura se ha estimado en 220 grados bajo cero.

OGLE-2005-BLG-390Lb es un planeta descubierto mediante búsqueda de microlentes. Es un procedimiento que se basa en que la masa de un astro más cercano curva el espacio-tiempo a su alrededor, y por tanto, los rayos de la estrella. El aumento de brillo de la estrella de fondo por el efecto de microlentes, cuando se cruza la más cercana por delante de ella, dura varios días, y además, la estrella cercana tiene un planeta alrededor que registra un brillo extra de la estrella de fondo.

Otros exoplanetas con posibilidades de vida son GJ1214b, con una masa 6,55 mayor que la terrestre y un radio 2,7 superior a nuestro planeta. Este astro orbita alrededor de su estrella en 38 horas y es candidato a tener vida al estar compuesto de roca y hielo con una envoltura gaseosa.

Otro candidato es COROT-76, con una masa 4,8 veces la terrestre, orbita en 20 horas y tiene una cara caliente a su estrella y otra eternamente helada con nubes de silicato. Uno de los exoplanetas más peculiar es HIP 13044b, que gira en torno a una estrella originaria de otra galaxia vecina y que acabó en la Vía Láctea tras una colisión entre ambas. Se trata de un exoplaneta mayor que Júpiter y la estrella a la que pertenece ha pasado ya la fase de gigante roja.

La lista de exoplanetas va aumentando gracias al observatorio espacial Kepler de la NASA, que analiza más de 150.000 estrellas en la constelación del Cisne, y puede detectar caídas de brillo de 0,01 por ciento. Este observatorio espacial es la esperanza de los descubrimientos de exoplanetas. Lo importante es realizar un censo de planetas habitables alrededor de estrellas cercanas, para luego, con nuevas tecnologías enviar señales e intentar comunicarse con los posibles habitantes de estos planetas. No cabe duda de que esta segunda fase de la exploración será la más inquietante. Si la búsqueda de planetas alrededor de otras estrellas ya tiene repercusiones más allá de la ciencia, en la filosofía y en la teología, imaginemos lo que puede significar la búsqueda de vida inteligente y un contacto interespacial.

11. MATERIA Y ENERGÍA OSCURA

«Sólo tenemos una explicación satisfactoria para el 5% del Universo que está formado por materia ordinaria. No sabemos qué es el 95% restante, aunque sabemos que está ahí (…) puede que en el interior de un universo nazcan nuevos universos, aunque no sea posible viajar de unos a otros.»

ALAN GUTH (Físico cosmólogo,
uno de los creadores de la teoría *big bang*)

Cuando el Universo se desvanezca

Hemos visto en el capítulo anterior como nuestro Universo está poblado por millones de galaxias, con billones de estrellas y trillones de planetas, al margen de otros cuerpos intergalácticos que desconocemos. Pues bien todo eso sólo representa el 5%, que es la parte visible, ya que un 23% es materia oscura y un 72% energía oscura.

«El universo visible no es más que una pequeña fracción de un multiverso mucho más grande».

Michio Kaku

Existe una materia y energía oscura que no vemos ni captamos. Tras el *big bang* el Universo comenzó a expandirse, las galaxias empezaron a alejarse las unas de la otras cada vez a una velocidad mayor. Todo parece indicar que la causa está en la energía oscura, algo energético que impregna todo el espacio. ¿De dónde procede la energía oscura? Este es uno de los secretos fundamentales que nos oculta el Universo. Lo único que se conoce es que hay una aceleración que persiste. Un hecho que se confirma a partir del corrimiento al rojo de la luz de objetos lejanos como una supernova.

Esta aceleración, este alejamiento de las galaxias, provocará que un día dejen de ser visibles, y nuestra visión del Universo oscurezca y dejemos de ver estos cuerpos. Es un hecho que ocurrirá dentro de millones de años.

La energía oscura puede ser consecuencia de exóticas partículas que desconocemos. Las colisiones en el LHC pueden detectar estas nuevas partículas.

Lo infinitamente grande también tiene respuesta en lo infinitamente pequeño.

La materia oscura no está exenta de misterio. El astrónomo Ken Freeman destaca que «la materia oscura nos recuerda que los humanos no somos esenciales para el Universo (…). Ni siquiera estamos hechos de la misma materia que la mayor parte del Universo, ya que nuestro Universo está hecho de oscuridad.»

Insisto en recordar que aunque estamos hablando de lo infinitamente grande, se trata de un Universo subatómico... un Universo cuántico.

«El futuro ya es historia.»

De la película *Doce monos*

Tenemos ahí fuera la materia oscura, una materia que no está constituida por protones, neutrones, electrones y neutrinos. Lo más probable es que esté constituida por partículas exóticas que desconocemos y partículas masivas de interacción débil como los neutralitos, que no interaccionan con el electromagnetismo y son muy difíciles de detectar. Estas hipotéticas partículas, los neutralinos, son parecidos a los neutrinos, se diferencian en que son más pesados y lentos. Otros científicos creen que la materia oscura contiene gravitones, partículas también teóricas que trasmiten la gravedad y que proceden de universos vecinos.

El gravitón

- El gravitón es una partícula hipotética cuántica del campo gravitatorio que no tiene masa ni carga. Es intermediaria en la interacción gravitacional. Sería un bosón.
- Su propiedad mecano-cuántica es conocida como espín-2, ya que tiene un espín doble.
- Los gravitones pueden entrar y salir en un mundobrana.
- Cuando los objetos se atraen mutuamente por la fuerza de la gravedad, intercambian corrientes de gravitones.
- Cuantos más gravitones intercambian los objetos, más fuerte es la atracción gravitatoria mutua.

Destacaré, finalmente, que la materia oscura se deduce del hecho que el efecto gravitatorio de la materia visible no basta para mantener a las galaxias en el seno del cúmulo.

La realidad de la materia oscura se deduce en que la velocidad de rotación $V(R)$ del gas y las estrellas de una galaxia depende de la distancia R al centro de la misma y de la masa comprendida entre el centro y el radio de la órbita. Si se mide la velocidad de las estrellas en función de la distancia R al centro galáctico, se puede determinar la distribución de la masa de una galaxia. En los cálculos efectuados se demuestra que la masa es considerablemente mayor que la de las estrellas y el gas que componen las galaxias. Existe, por tanto, algo no visible, este algo es la materia oscura.

Se cree que la materia oscura en la Vía Láctea se reparte, aproximadamente, de forma esférica y se extiende más allá de halo estelar. Su densidad máxima podría estar en el centro de la galaxia, disminuyendo con el cuadrado de la distancia.

Resumiendo, tenemos dos misterios cuyo hallazgo darán el premio Nobel a sus descubridores. Dos misterios que se desvelarán a través de los futuros telescopios o a través de los experimentos del LHC.

12. HAWKING Y LOS AGUJEROS NEGROS

«Un agujero negro es un laboratorio donde estudiar cómo se comporta el espacio.»

KIP THORNE

Un universo hostil

Dice Steven Weinberg, Premio Nobel 1979, que «la Tierra no es más que una minúscula parte de un Universo abrumadoramente hostil». Comparto con Weinberg esta reflexión, sólo hay que examinar nuestro pasado para ver que estamos de suerte. Que hayamos llegado a este punto de la evolución humana en el que podemos pensar sobre el misterio de nuestra existencia, no deja de ser una lotería afortunada. Cada uno de nosotros, como seres vivientes, ya somos una probabilidad entre más de cincuenta millones de espermatozoides en el que sólo uno, cada uno de nosotros, alcanzó el óvulo.

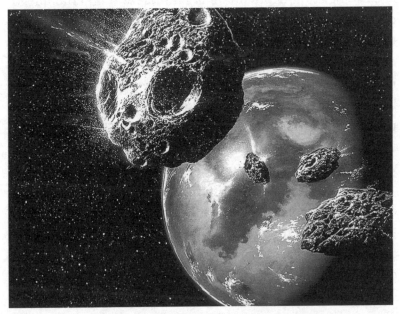

Nuestra vida ha pendido y pende de un hilo. Estamos expuestos a que cientos de acontecimientos cambien nuestra existencia o acaben con ella.

Las catástrofes y tragedias han sido abundantes en nuestro planeta. Las extinciones, cinco o seis que sepamos, han cambiado los ritmos de evolución y sus características. Sus consecuencias han terminado por desarrollar un homínido inteligente, pero también podríamos haber finalizado siendo un sauro-sapiens.

También hemos estado, y estamos, expuestos a que cientos de acontecimientos cambiasen nuestra existencia o acabasen con ella. Una llamarada solar, un asteroide errante o catalogado como Apofis, un supervolcán entrando en erupción, una explosión de una nova o supernova demasiado cerca de nosotros, un cometa, un virus indestructible en un meteorito caído en la Tierra, un agujero negro cercano, etc.

Nuestra vida ha pendido y pende de un hilo. Es un azar de la existencia, un capricho de la naturaleza o un cruel juego de los dioses. Seguimos estando expuestos a despertarnos un día y comprobar con horror que ha desparecido la capa de ozono que nos protege de las radiaciones, o que el campo magnético de la Tierra ha variado. O que, WR 104, una estrella inestable, relativamente próxima a la Tierra, explote. Su peligro radica en que su eje apunta hacia la Tierra, si se convirtiese en una supernova la energía que expulsaría, rayos gamma, destruirían nuestra capa de ozono.

Esta hostilidad del Universo no la ve como tal el físico Freeman Dyson, quien considera las catástrofes y extinciones sucedidas como un componente que nos ha beneficiado. De alguna manera es así, si no hubieran sucedidos las extinciones que han sucedido no estaríamos aquí. Dyson destaca: «Cuando miramos el Universo e identificamos los muchos accidentes de la física y la astronomía que han colaborado en nuestro beneficio, casi parece que el Universo debe haber sabido, en cierto sentido, que nosotros íbamos a venir».

Nuestra existencia está sujeta a probabilidades difíciles de calcular en la mayoría de los casos. Un simple asteroide que atraviese nuestra órbita alrededor del Sol, es impredecible en su ruta colisión, ya que está sujeto a muchas interacciones de otros cuerpos de nuestro sistema planetario. Uno de los fenómenos espaciales que hemos mencionado son los agujeros negros.

Cuándo nace un agujero negro

El agujero negro más próximo que existe de nosotros se encuentra en el centro de nuestra galaxia, demasiado lejos para que nos afecte. Este agujero negro engulle una nube de gas que tiene el triple de masa que la Tierra, y tiene una temperatura menor que una billonésima de grado sobre el cero absoluto.

Para un agujero negro con una masa equivalente al Sol, el radio de Schwarzschild tiene uno cuantos kilómetros de longitud. Para una estrella diez veces más masiva que el Sol, el radio de Schwarzschild sería de unos 30 kilómetros.

Estos monstruos son objetos colapsados, como las estrellas de neutrones, y sus masas son miles de millones la de nuestro Sol. Su campo gravitatorio es tan intenso que nada, incluso la luz, puede escapar de su vórtice y entorno. Las leyes de la física que conocemos fracasan estrepitosamente. Por ejemplo, la segunda ley de la termodinámica falla.

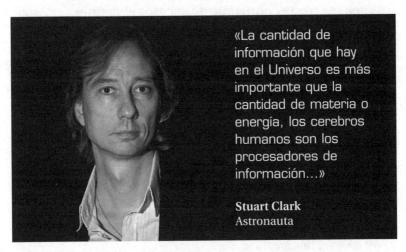

«La cantidad de información que hay en el Universo es más importante que la cantidad de materia o energía, los cerebros humanos son los procesadores de información...»

Stuart Clark
Astronauta

Sin embargo, la teoría cuántica dice que emiten una modalidad de radiación denominada «radiación de Hawking». La física cuántica sugiere que en el espacio se crean parejas efímeras de partículas que fluctúan entre la existencia y la inexistencia en instantes a escalas temporales. El proceso de emisión de partículas en un agujero negro produce la creación de parejas de partículas virtuales que aparecen en el borde del horizonte de sucesos. Las fuerzas de marea del agujero negro separan las parejas de fotones virtuales, proporcionándoles energía. Así, si un agujero negro engulle a uno de los componentes de la pareja el otro sale proyectado hacia el espacio. Hawking demostró que los agujeros negros han de emitir partículas. Expuesto lo mismo de una forma más entendible, partícula y antipartícula forman un par que si llega al horizonte de sucesos y una de las dos lo atraviesa, la otra al no tener con quién aniquilarse se convertirá en una partícula real, es decir la que compone la radiación del agujero negro.

Sabemos que los agujeros negros son de diversos tamaños. Tienen un radio de Schwarzschild u horizonte de sucesos. Una vez se cruza el horizonte de sucesos el tiempo y el espacio estarán invertidos. Cuando se franquea el horizonte de sucesos, la atracción hacia el vórtice es tan fuerte, que ya no se puede regresar. Es la frontera de no retorno, nada puede escapar, ni tan siquiera la luz.

Leyes de Hawking en los agujeros negros

- Según Hawking, en la velocidad de evaporización de un agujero negro de Schwarzschild de masa «M» puede formularse como $dM/dt = -C/M^2$, donde «C» es una constante y «t» es el tiempo.
- Otra ley de Hawking afirma que la temperatura de un agujero negro es inversamente proporcional a su masa.
- Hawking también pronosticó que los agujeros negros de-

bían crear y emitir partículas subatómicas. Hecho conocido como la radiación de Hawking.
- Destaca Hawking que el área de la superficie total de los agujeros negros aumenta con el tiempo. Para Hawking, el área de la superficie es el horizonte de sucesos de un agujero negro.

¿Cómo surge un agujero negro? Existen varias teorías sobre su aparición, algunas creen que pueden provenir de la contracción de ciertas estrellas, como las de neutrones. En esos casos el espacio-tiempo adquiría una fuerte curvatura local, y cualquier partícula, cualquier radiación que pasara por la vecindad desaparecería en ese pozo sin fondo. También podría producirse por el choque de dos partículas. Vemos con estas teorías que el macrouniverso se reduce en el fondo a la acción de partículas subatómicas.

Los agujeros negros se dividen en tres clases: supermasivos, de masa intermedia y masa estelar. Los supermasivos tienen millones y miles de millones de masas solares, se encuentran en el núcleo de las galaxias elípticas o en las que

«Un agujero negro no es otra cosa que una región vacía del espacio-tiempo que se extiende hasta la frontera de no retorno.»

Brian Greene
La realidad oculta

poseen bulbo. Los agujeros de masa intermedia poseen entre mil y dos millones de masas solares. Y las de masa estelar tienen entre cuatro a treinta masas solares, se forman tras el colapso gravitatorio de una estrella gigante.

Existen cinco posibles fases de creación de un agujero negro. Fase de nacimiento, estamos en el tiempo cero, es el choque de dos partículas que crea un agujero negro, simétrico, que puede rotar, vibrar y tener carga eléctrica. Fase «calvicie», tiempo de 0 a 1×10^{-27} segundos, el agujero negro emite ondas gravitacionales y electromagnéticas. Fase «reducción del giro», tiempo 1 a 3×10^{-27} segundos, el agujero negro ya no es oscuro sino que radia. Sus emisiones van a expensas del giro, adquiere forma esférica. Fase de Schwarzschild, tiempo 3 a 20×10^{-27} segundos, deja de girar y se caracteriza por su masa. La masa escapa en forma de radiación y partículas. Fase de Planck, tiempo 20 a 22×10^{-27} segundos, se acerca a la masa de Planck, la menor masa posible y se asoma a la nada, en teoría emite cuerdas.

La explosión de una supernova y los agujeros negros son los fenómenos más terribles que pueden suceder en algunas regiones del espacio. La primera puede destruir, con su radiación, la vida en millones de años luz de distancia; el segundo es como la nada de Michael Ende, en *La historia interminable,* no avanzando, pero sí atrayendo hacia él de una forma inexorable todo lo que le rodea.

◉

¿Adónde va nuestra información tras la muerte?

Existe una teoría novedosa que relaciona los agujeros negros con la información. El astrónomo Stuart Clark sintetiza esta teoría cuando destaca que «(...) la cantidad de información

Algunos científicos afirman que es la información, y no la materia o energía, lo que constituye la unidad más básica de todo lo existente.

que hay en el Universo es más importante que la cantidad de materia o energía, y los cerebros humanos son procesadores de información». Se está empezando a considerar la información como algo tan o más importante que la energía.

John Wheeler, Gerard´t Hooft y Leonard Susskind son los artífices de la teoría de la información. Algunos científicos afirman que es la información, y no la materia o energía, lo que constituye la unidad más básica de todo lo existente. La información vendría cifrada en bits minúsculos, a partir de los cuales emergería el cosmos. Así el Universo emerge a partir de la información, de datos que se encuentran codificados en superficies bidimensionales.

Esta hipótesis destaca que la esencia del Universo es la información, y esta se almacena en bits que «viven» en la escala de Plank (unos 10^{-35}). Es decir, la esencia básica no es la energía si no, reitero, la información.

Si la energía ni se crea ni se destruye, tampoco la información se puede destruir. Esto da sin duda un carácter de inmortalidad a nuestros pensamientos, a nuestro cerebro que es información. Y todas las partículas que contienen información.

Hawking sostiene que si uno se introduce en un agujero negro, su masa y energía será devuelta a nuestro Universo, pero en un estado destrozado que contiene la información sobre cómo éramos antes de ser fragmentados.

Inicialmente Hawking junto a Kip Thorne creían que si la información era tragada por un agujero negro quedaba oculta para siempre. Hawking rectificó, y pensó que la información permanecía en nuestro Universo siempre. Thorne insiste en que esta se pierde. John Preskill destaca que puede ser revelada por mecanismos cuánticos. Finalmente Hawking, con su habitual ironía, explicó que si uno se introduce en un agujero negro, su masa y energía será devuelta a nuestro Universo, pero en un estado destrozado que contiene la información sobre cómo éramos antes de ser fragmentados.

Susskind, premio Nobel, cree que la estructura de todo lo que conocemos se vendría abajo si se abriese el menor resquicio de pérdida de información. Así que la información, en un agujero negro, queda grabada sobre la superficie de su entorno, en su horizonte de sucesos o punto de no retorno. Queda en una superficie bidimensional. Por otra parte existe un límite para la cantidad de información que puede almacenarse en una superficie dada, que corresponde a la división en casillas cuadrangulares, de dos longitudes de Plank de lado cada una. La cantidad de información que se puede codificar en la superficie está limitada por el número de casillas.

Al hablar de información la pregunta evidentes es: ¿Está el Universo compuesto de bits? Para Craig Hogan, físico y director del Centro de Astrofísica de Partículas del Fermilab, el Universo posee un «temblor» intrínseco permanente. Esto parece deberse a que el espacio está compuesto por bloques elementales o bits de información.

La teoría de la información nos ofrece un nuevo paradigma sobre el funcionamiento de la naturaleza. John Wheeler

«Materia y radiación deberían verse como secundarias, como portadoras de algo más fundamental: la información.»

John Wheeler
Físico teórico

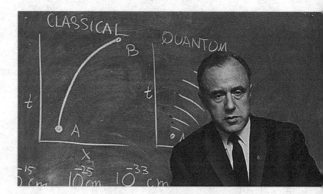

sugiere que materia y radiación deberían verse como secundarias, como portadoras de algo más fundamental: la
información. No cabe duda que la teoría de la información
es prometedora e inquietante. Nosotros somos consecuencia de la información de nuestras cadenas de ADN, que
almacenan información filogenética de toda la evolución, y
progresamos gracias a la información que codifica nuestro
cerebro cada día. La teoría de la información nos ofrece
un Universo repleto de datos. En ese Universo estamos
nosotros con nuestra información cerebral, nuestras ideas,
nuestros descubrimientos, nuestras teorías. Si la información no se destruye ni se pierde, ¿dónde va a parar toda
nuestra información tras nuestra muerte? Destacaremos

Según Fritz-Albert Popp, la muerte podría ser una simple cuestión de volver
a casa o, con más precisión, de quedarse atrás: de retornar a un campo de
energía.

que Fritz-Albert Popp apunta a la idea de que cuando morimos, nuestra frecuencia experimenta un «desprendimiento» de la materia de nuestras células. La muerte podría ser una simple cuestión de volver a casa o, con más precisión, de quedarse atrás: de retornar a un campo de energía.

◉

Ensayo de un génesis cuántico de la creación

He insistido, desde el principio de esta segunda parte, que el Universo es cuántico, que todo lo que nos rodea son partículas cuánticas. Que las estrellas, las galaxias y los agujeros negros están regidos por procesos cuánticos. Como dice Hermes Trismegisto: «Como arriba, así es abajo. Como abajo, así es arriba».

Vamos a ver en las líneas siguientes la importancia que las partículas cuánticas han tenido en la aparición de nuestro Universo y en la aparición de la vida en nuestro planeta y tal vez en otros.

Tras el *big bang* aparecen las partículas elementales y las cuatro fuerzas fundamentales, que inicialmente parece que estaban unidas. El Universo primigenio soportaba una gran temperatura, tan alta que la interacción débil impedía que las partículas de materia tuvieran masa. Cuando el enfriamiento disminuyó también lo hizo la intensidad de la interacción débil, entonces las partículas adquirieron masa, posiblemente intervino el bosón de Higgs. A partir de ahí los quarks arriba y abajo, con la masa dotada por el bosón de Higgs, se combinaron para dar protones y neutrones. Los protones serían los responsables de los núcleos de hidrógeno. La interacción débil seguiría actuando, de ella dependería que algunos protones se fusionasen con núcleos de helio-4. La interacción débil actua para transformar los protones en neutrones, positrones y neutrinos. Es evidente que sin la interacción débil no existiría el Universo. La interacción fuerte trabajó manteniendo unidos los núcleos de los átomos. La materia debe su existencia a esta interacción.

El siguiente paso es la formación de las primeras estrellas y las galaxias, la gravedad tendrá un papel esencial en este paso, ya que mantendrá unidos los sistemas solares con sus planetas y la galaxia en general. Las estrellas contaron con la interacción electromagnética: electrones y protones se unieron para formar átomos neutros y la luz se liberó dando lugar a las primeras estrellas. Las estrellas ardieron debido a la fusión del hidrógeno que produce más helio-4. También

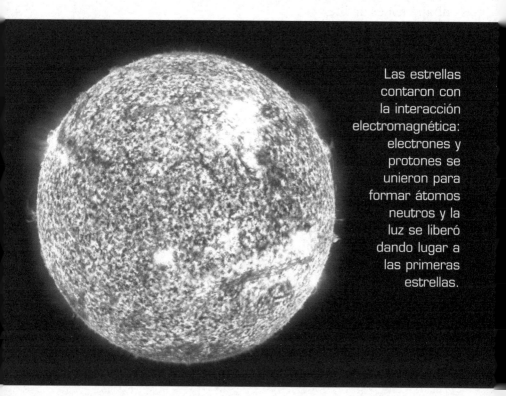

Las estrellas contaron con la interacción electromagnética: electrones y protones se unieron para formar átomos neutros y la luz se liberó dando lugar a las primeras estrellas.

se produce carbono y otros elementos hasta llegar al hierro y otros elementos aún más pesados.

Posiblemente algunas estrellas colapsaron convirtiéndose en supernovas que dispersaron los elementos químicos por el espacio. Estos elementos formaron los planetas en los que los elementos se seguirán combinando hasta formar la vida.

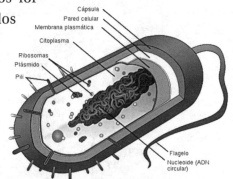

La génesis de la vida en la Tierra no ha tenido por qué ser igual en todos los planetas de la galaxia. En la Tierra, el carbono juega un papel esencial, pero en otros planetas puede ser el silicio o el metano aunque la vida con estos elementos es una génesis muy discutida por los científicos.

Composición de una célula procariota.

Inicialmente se crearon bacterias microscópicas que estaban constituidas por moléculas con sus átomos, protones y neutrones que contienen quarks. Las primeras células que originan los primeros seres vivos fueron células procariotas. Esas células contienen un núcleo que alberga el material genético, con sus estructuras de doble hélice del ADN. Se trata de moléculas —con sus átomos, protones y neutrones que contienen quarks, insistimos en ese punto ya que somos partículas cuánticas—, que almacenan información genética. Destacar que en los procariotas existe una única gran molécula de ADN, mientras que en los eucariotas tienen diversas moléculas de ADN. En este micromundo el ARN actuará de mensajero de la información. Como podemos observar la información es importante en el macromundo y en el micromundo.

Desde los primeros instantes después del *big bang* hasta la aparición de seres inteligentes, las partículas y las fuerzas fundamentales han sido protagonistas de todo el proceso.

Será necesaria la fotosíntesis para que la atmósfera acumule oxígeno. En una segunda etapa aparecerán las células eucariotas, que serán cada vez más complejas hasta constituirse los primeros seres pluricelulares, invertebrados macroscópicos, hasta la gran explosión de la vida en el período Cámbrico y una lenta evolución: anfibios, reptiles (insectos y aves), mamíferos y la especie humana.

Desde los primeros instantes después del *big bang* hasta la aparición de seres inteligentes, las partículas y las fuerzas fundamentales han sido protagonistas de todo el proceso. Ahora, en la tercera parte veremos como actúan en el mundo intermedio, en el ser humano.

Tercera parte
EL MUNDO INTERMEDIO

«—¿Existe algún otro detalle acerca del cual desearía usted llamar mi atención?

—Sí, acerca del curioso incidente del perro en la noche.

—Esa noche el perro no hizo nada.

—Ese es el curioso incidente— observó Sherlock Holmes.»

ARHTUR CONAN DOYLE, *Estrella de Plata*

13. POR QUÉ SOMOS COMO SOMOS

«(…) el proceso evolutivo nunca ha inventado la rueda, a pesar de que sus ventajas selectivas son manifiestas. ¿Por qué no ha de haber arañas rodadas o cabras o elefantes deslizándose sobre ruedas por las autopistas? La respuesta más evidente es que hasta hace muy poco tiempo no existían las autopistas.»

CARL SAGAN

Somos paquetes de partículas transportando nuestros cuerpos.

Somos seres con dos piernas, dos brazos y un frágil cráneo en lo alto de nuestra columna vertebral que maneja un complejo organismo y se vale de unos primitivos sentidos. Visto superficialmente parecemos una máquina perfecta, donde todos los órganos se han desarrollado y alcanzado una gran especialización.

En realidad no somos seres tan perfectos como creemos. Somos un conjunto de órganos que se han desarrollado evolutivamente para poder sobrevivir en este planeta. Nuestra constitución está adaptada a unas condiciones determinadas. No estamos preparados para vivir bajo el agua, a grandes alturas y con temperaturas extremas. Un repaso a nuestros órganos sensoriales demuestra nuestra incapacidad de competir con muchos animales. Nuestra vista es limitada y superada por la de muchas aves, en

Nuestra vista es limitada, carecemos de la capacidad de visión infrarroja que tienen felinos y algunos reptiles.

la oscuridad de la noche somos seres más vulnerables, carecemos de la capacidad de visión infrarroja que tienen felinos y algunos reptiles; la retina sólo se excita por una longitud de onda entre 400 y 700 milimicrones, el resto de rayos «luminosos» que circulan a nuestro alrededor son desconocidos por nuestro sentido óptico. Nuestra gama de colores está limitadísima, no alcanza ni por mucho a la capacidad que tiene el pulpo de mimetizar miles de colores y tonalidades. Para ser exactos nuestro ojo sólo recibe una trillonésima parte de la información que le llega. No vemos los rayos X, gamma y otras longitudes de onda. Ni, como los tiburones, detectamos los campos eléctricos sensores de sus presas. Tampoco tenemos la visión de los delfines que son capaces de ver el esqueleto.

Nuestro oído sólo responde a impulsos sonoros entre los 16.000 y 20.000 ciclos por segundo, lo que nos impide percibir una vibración sísmica de baja intensidad que alteraría a cualquier perro, gato o animal campestre.

Nuestro tacto sólo parece ser una forma de deleite y no de identificación; nuestro gusto es algo personal de cada uno, pero no una forma de identificar algo venenoso como hacen algunas especies de animales; nuestro olfato es incapaz de

«Los seres vivos somos paquetes de energía cuántica intercambiando información constantemente con este inextinguible mar de energía.»

Lynne McTaggart
Autora de *El Campo*

oler las feromonas y otras sustancias endógenas que generan los cuerpos de los demás y que no ayudarían a entender sus emociones, empatías o agresividades. En cuanto a la intuición, como sexto sentido, la mayor parte de los seres humanos no la utilizan ni la escuchan.

Lo más perfecto y desarrollado de nuestro cuerpo que supone una gran ventaja sobre los animales, al margen del cerebro, son nuestras manos prensiles, dos extremidades con unos dedos con los que hemos fabricado herramientas, tocamos instrumentos musicales, escribimos, construimos, manejamos otros objetos, etc. Sin duda las manos han jugado un papel importantísimo en la evolución, junto al cerebro nos han permitido llegar hasta donde estamos.

Somos paquetes de energía arrastrando nuestros cuerpos materiales. Más concretamente somos partículas cuánticas desplazándose en un mundo lleno de interacciones cuánticas. Somos un conjunto de «paquetes de energía», de «quantums» de fotones. Sin penetrar en esos niveles tan profundos de la estructura de nuestro ser, digamos que somos un conjunto de moléculas empaquetadas por el entorno de la piel que, a su vez, está formada por células con más moléculas. Pero recordemos que dentro del mundo cuántico todo es vibración, y que por tanto, esas moléculas que forman nuestra estructura están vibrando, somos seres vibrantes. Además se están produciendo constantes cambios en nuestro interior debido a neutrinos que nos atraviesan, radiaciones y otras partículas que afectan a las partículas que nos constituyen. Son reacciones moleculares que se materializan en reacciones químicas que afectan a nuestra estructura e, incluso, a nuestros pensamientos.

En los textos que hablan del cuerpo humano se presenta nuestro interior en varios mapas que recogen la estructura

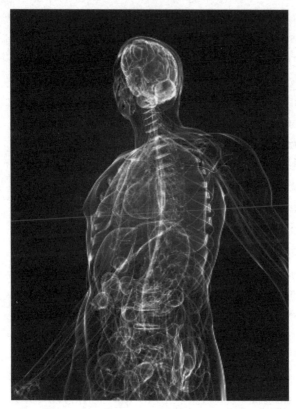

El nuevo paradigma cuántico requerirá una nueva representación del cuerpo humano en la que se recoja el mundo molecular y energético. Una imagen de escáner que registre aquellas partes con mayor energía.

de cada uno y sus características. Así en ellos vemos el sistema muscular, en otros el sistema circulatorio sanguíneo, también está el que representa nuestro sistema nervioso, el esqueleto óseo, y el epitelial. El nuevo paradigma cuántico requerirá una nueva representación en la que se recoja el mundo molecular y energético. Una imagen de escáner que registre aquellas partes más energéticas.

Estamos formados por un mundo molecular cuántico. Los biólogos y genetistas saben que somos algo más que un mundo celular.

Los animales que nos rodean están en las mismas circunstancias que nosotros, no son ni más ni menos que nosotros, son distintos y utilizan otros medios para percibir el mundo y comunicarse. A veces lo hacen mediante signos, posturas, sonidos y olores. Es evidente que nosotros, cuando nos sentimos atacados, no desprendemos un olor nauseabundo como la mofeta, ni ladramos mostrando los colmillos como un perro, ni nos encorvamos erizando el pelo y mostrando las uñas como un gato. Ante el ataque son nuestras sustancias químicas moleculares del cerebro las que nos impulsan a luchar o huir. Son las endorfinas y el ácido gammaminobutírico que aumenta nuestra percepción, y la adrenalina y la noraadrenalina son las que nos permiten tener reacciones y pensamientos más rápidos para afrontar el peligro del ataque.

◉

Los fenómenos cuánticos están en la base de la herencia

Somos polvo de estrellas, somos parte de la materia que originó nuestro sistema solar, por tanto somos moléculas que son, a su vez, átomos. Estamos hechos de electrones, quark *up* y quark *down*, y estos quarks son los responsables de la materia ordinaria y forman protones y neutrones. En resumen, estamos hechos de partículas elementales.

Nosotros nos vemos los unos a los otros como entes reales, seres orgánicos que incluso tienen cierta belleza, a pesar de expeler fluidos y detritos por diferentes partes del cuerpo, emitir sonidos guturales, roncar por la noche, emitir olores extraños, alimentarse comiendo animales que son semejantes a nosotros, etc. Creemos que somos, junto a los animales e insectos, los únicos seres auténticamente vivos y que todo lo demás, que nos rodea, es materia inorgánica. Ya he explicado que somos partículas que vibran. Digamos inicialmente que nuestra envoltura de piel contiene toda una serie de órganos que se han constituido gracias a reacciones químicas de nuestras moléculas que están compuestas de quarks y otras partículas elementales. En realidad la piel que limita todo esos órganos también está constituida de partículas, sólo contiene órganos que emiten y captan partículas elementales sin ningún problema de límites, la piel no es una frontera. Somos partículas elementales que se desplazan, partículas que en ocasiones nos abandonan y en otras ocasiones son sustituidas por otras que vienen de fuera.

En lo que respecta a nuestra extraña estructura cuántica, no somos muy diferentes a otros animales grandes o pequeños que nos rodean. En este mismo aspecto tampoco tenemos mucha diferencia con las plantas, los árboles e incluso las piedras, son elementos cuánticos igual que nosotros, con moléculas, átomos, y quarks, elementos que deben agradecer que nosotros transportemos sus partículas y las llevemos a pasear. Destaca Antonio Fernández-Rañada en *Los científicos y Dios,* que «la diferencia entre los seres biológicos y los objetos inanimados es meramente una cuestión de estado».

«(…) el hecho es que estamos hechos de partículas elementales.»

Rolf-Dieter Heuer
Director del CERN

Hoy sabemos que los fenómenos cuánticos están en la base de la herencia, ya que los genes, que son los transmisores de la información hereditaria de una generación a la siguiente, son moléculas gigantescas formadas por muchas subunidades menores enlazadas entre sí según las leyes de la física cuántica.

Somos la materia del Universo pensando sobre ella misma, moléculas organizadas que piensan lo que son, buscan el sentido del Universo y el porqué de encontrarnos aquí. Tal vez estas moléculas ya lo saben, y tienen como objetivo el convertirnos en seres más conscientes de esta realidad. Por eso nos crean inquietudes a través de la química cerebral para que adquiramos más conocimientos, y lo hacen por alguna razón y motivo que, por ahora, es desconocido por nosotros. Quizá existan algunos hombres que ya lo saben, aunque no se hayan dado cuenta todavía. Explica Douglas Adams en *The Restaurant at the End of the Universe:* «Hay una teoría que si alguien descubriera exactamente el sentido del Universo y por qué se encuentra aquí, este desaparecería de inmediato para dar paso a algo incluso más extraño e inexplicable. Hay otra teoría que sostiene que esto ya ha pasado».

◉

¿Por qué nos vemos como nos vemos?

¿Por qué nos vemos como nos vemos? Es decir, ¿por qué nos vemos como seres materiales, estructuras compactas y no como partículas que vibran, saltan y se intercambian? De la misma forma que no podemos ver otras dimensiones no podemos ver nuestra auténtica realidad. Nuestros sentidos no están dotados para ver a simple vista las peculiaridades del mundo microscópico ni el cuántico. Es un accidente de la evolución. Nuestros sentidos se desarrollaron para hacernos sobrevivir, es decir ver, oler, oír, sentir, incluso intuir, los peligros que amenazaban nuestra supervivencia. No desarrollaron un ojo para ver otras dimensiones, ni el mundo molecular, ya que estos lugares no suponían ningún peligro para nuestra existencia. La evolución hace que el órgano se desarrolle supeditado a la necesidad. No había ningún peligro de que ningún depredador surgiese de una universo paralelo, ni que alguien nos atacase lanzándonos partículas paralizadoras a través de sus dedos. No hemos nacido con una visera sobre nuestros ojos, porque los rayos del sol no son lo

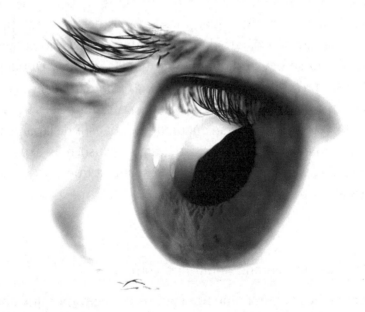

«Somos prisioneros de nuestra propia arquitectura neuronal. Podemos visualizar algunas cosas, pero hay otras que no podemos imaginar».

Leonard Susskind, profesor de la Universidad de Stanford y uno de los creadores de la teoría de cuerdas.

suficiente dañinos para perjudicar nuestra vista ya protegida por las pestañas y las cejas. La necesidad crea el órgano y nosotros no necesitábamos ciertas facultades... hasta ahora.

Explicándolo de una forma más clásica dentro de la física tradicional, nuestros órganos se han desarrollado para sobrevivir en un mundo de tres dimensiones. Michio Kaku considera este hecho no como un desarrollo evolutivo normal al entorno existente, sino como un accidente de la evolución, y destaca: «No podemos visualizar dimensiones más altas debido a un accidente de la evolución. Nuestros cerebros han evolucionado para solventar miríadas de emergencias en tres dimensiones». Y Leonard Susskind, profesor de la Universidad de Stanford y uno de los creadores de la teoría de cuerdas, explica con resignación: «Somos prisioneros de nuestra propia arquitectura neuronal. Podemos visualizar algunas cosas, pero hay otras que no podemos imaginar».

Visualizar otras dimensiones implicaría aceptar visiones que sólo podemos alcanzar en estados modificados de consciencia. El matemático Charles Howard Hinton destacaba que en la cuarta dimensión veríamos extraños objetos que aparecen repentinamente de la nada, que se hacen más grandes, cambian de color, cambian de forma, se hacen más pequeños y finalmente desaparecen. Son visiones que sólo hemos podido acceder a través de estados modificados de consciencia. Recuerdo una experiencia de LSD, controlada por psicólogos, que a través de una ventana veía en la calle un coche de policía municipal parado con sus señales luminosas funcionando, eran unos destellos azules que a mí no me llegaban en forma de fuentes luminosas, sino figuras geométricas espaciales: cubos, pirámides, cilindros, prismas, octaedros, etc. Y como destaca Charles Howard se hacían más grandes y más pequeños. ¿Estaba accediendo a como se ven los destellos en otra dimensión que se me había abierto en el cerebro?

Cuesta aceptar estos hechos, incluso nos puede costar aceptar una cuarta dimensión, la del tiempo, por su relatividad. Es cierto que el tiempo transcurre, lo apreciamos por el deterioro y envejecimiento, pero nuestra mente, que no puede modificar la flecha del tiempo, vive un eterno presente. Cuando recordamos el pasado no deja de ser una situación de presente, es en el presente donde recordamos historias del pasado o imaginamos hechos del futuro. Siempre estamos en el aquí y ahora, en el presente.

En resumen hemos desplegado los sentidos que hemos desarrollado porque hemos seguido un camino diferente de otras especies en la evolución, los necesitábamos para sobrevivir. De la misma manera que nuestro crecimiento encefálico ha sido superior porque necesitábamos desarrollar nuestra inteligencia. En algunos casos nosotros nos hemos adaptado y hemos transformado alguna parte de nuestro cuerpo a nuevas posibilidades. Hubo un momento que sacrificamos nuestro pie prensil arbóreo para adaptarlo a caminar por las sabanas de África. Ese bipedalismo nos hizo humanos, nos liberó las manos y nos acercó a una nueva alimentación, y sobre todo, nos llevó a explorar nuevos contextos, nuevos ambientes y nuevos continentes.

Hay que recordar que procedemos de peces devonianos, y que hemos tenido millones de años para ir desarrollando nuestros órganos a las circunstancias y necesidades del entorno que, caprichosamente, también iba cambiando debido a impactos de asteroides, explosiones solares y otros fenómenos cósmicos. Nuestra mano, por ejemplo, ha adquirido su gran especialización en un largo recorrido de millones de años que empezó en los árboles, cogiendo alimentos y utilizando lianas para desplazarse, hasta que se convirtió en las sábanas de Olduvai en imprescindible para transportar objetos, y más adelante construir herramientas. Hoy escribe complicados diagramas de mecánica cuántica, pinta obras de arte, y compone melodías con diferentes instrumentos musicales.

14. DEL CEREBRO REPTILIANO A LA MENTE DE EINSTEIN

«He oído decir que hay una ventana que se abre de una mente a otra, pero si no hay muro, tampoco hay necesidad de ventana, ni de pestillo.»

RUMI

Un cerebro cuántico

Los primates y los cetáceos están dotados de un cerebro de gran tamaño con un elevado cociente de encefalización, y una inteligencia parecida a la humana. Experimentos realizados con simios y delfines, demuestran que poseen capacidad de lenguaje, y además se reconocen a sí mismos como individuos. En determinados delfines, la neocorteza cerebral presenta pliegues y contiene neuronas del tipo Von Ecónomo, que se han relacionado con la inteligencia social en las personas. Los delfines son capaces de acordar coaliciones entre ellos para pescar o conseguir hembras; también forman grupos sociales que varían según las necesidades y las circunstancias, incluso llegan a reconocerse frente a un espejo subacuático. Los chimpancés también acuerdan coaliciones para proteger su territorio o captar hembras de otros grupos; asimismo son capaces de fabricar útiles para obtener insectos, al margen de crear grupos sociales. En el Centro de Investigación del Lenguaje de la Universidad estatal de Georgia, se consiguió que un chimpancé macho aprendiese lexigramas, símbolos abstractos que representan palabras, se consiguió que llegase a aprender más de mil palabras habladas y emitir unos trescientos aullidos utilizando los lexigramas.

Creo que muchos de estos animales seguirán desarrollando sus facultades y llegará un momento, tal vez transcurrido algunos millones de años, que serán tan inteligentes como nosotros. Eso si antes nuestra tecnología no modifica sus cerebros y los evoluciona en pocos años. Nosotros tampoco nos quedaremos atrás, iremos evolucionando en nuestras facultades. Este será el proceso evolutivo normal, pero creo que la tecnología actual lo acelerará, convirtiéndonos en cyborgs inmortales.

La evolución es un proceso irreversible, y aunque nosotros no lo apreciemos, debido a nuestra efímera existencia, se están produciendo cambios. Posiblemente no se evidencia un aumento de neuronas en nuestro cerebro, pero sus dendritas se extienden cada vez más y se conectan a otras. Es una red que crece similar a como lo hace Internet. Se especula que un hombre del medioevo no tendría un cerebro tan intrica-

El cerebro, que maneja nuestras vidas, es un cuerpo cuántico, compuesto de moléculas, átomos circundados por electrones, protones y neutrones, y quarks.

do en conexiones entre neuronas como las de un niño de 12 años de un país desarrollado de hoy.

Este cerebro que maneja nuestras vidas es un cuerpo cuántico, compuesto de moléculas, átomos circundados por electrones, protones y neutrones y quarks. Partículas que componen la existencia de esa masa gris que piensa y domina nuestro cuerpo a través de una gigantesca red de comunicaciones nerviosas, que siente, oye, ve, y percibe un mundo exterior que no es muy diferente al subatómico que rige en su cerebro.

◉

Donde el tamaño no importa: el cerebro de Einstein

Cuando ponemos un ejemplo de inteligencia entre los seres humanos, siempre citamos a Albert Einstein. Indudablemente fue un genio que revolucionó la física, pero seríamos injustos si tratásemos de calificarlo como el mejor. Podría citar en la física a J. Maxwell, N. Tesla, E. Rutherford, L. Pauling, E. Fermi, M. Plank, N. Bohr, E. Schrödinger. W. Heisenberg, A. Guth y el mismo S. Hawking, todos ellos mentes privilegiadas o prodigiosas. En la medicina y biología a L. Pasteur, A. Fleming, J. Watson y F. Crick. Sin olvidarme de los grandes pensadores, artistas, músicos, escritores y todos los científicos que actualmente trabajan en los laboratorios del mundo. Cabe destacar que nunca, en la historia de la humanidad, hemos tenido tantos cerebros brillantes desarrollando idea, teoría e inventos. Motivo por el cual nuestro crecimiento en las diversas ciencias es exponencial, inesperado y asombroso.

Albert Einstein ha sido el único científico que donó su cerebro a la ciencia tras su muerte. Era una ocasión de saber si su cerebro era diferente o poseía alguna peculiaridad que caracterizase a los genios como él. Lamentablemente no se ha podido comparar con otros cerebros de científicos ya que no ha habido más donaciones, si se han hecho comparaciones ha sido con los de otros seres humanos.

«Para conocer los orígenes de la vida, debemos primero conocer la muerte.»

Mary Shelley

Recientemente la revista *Brain* publicó un estudio realizado en el cerebro de Einstein, análisis que arrojó algunos resultados interesantes. Inicialmente destacaremos que el cerebro de Einstein era menos pesado que la media de los cerebros. Digamos que un cerebro adulto típico pesa alrededor de 1,3 kilogramos, mientras que el de Einstein pesaba 1,230 kilogramos. Su cerebro era más pequeño de lo normal. Si embargo, vemos como en este casó el tamaño no importa.

Quiero destacar que algunos animales tienen cerebros más grandes que los humanos, como es el caso de los delfines, elefantes y ballenas. Un cerebro de elefante viene a pesar cuatro veces más que el humano.

Siguiendo con el cerebro de Einstein, cabe destacar que su córtex prefrontal era distinto al de otros seres humanos. Estaba excepcionalmente desarrollado. En el córtex prefrontal reside la concentración y la planificación.

Otra parte del cerebro anormalmente desarrollado era el córtex somatosensorial que actúa en el proceso de la información del tacto; y también estaba anormalmente desarrollado el córtex motor que controla los movimientos voluntarios. Tal vez la característica más destacada de un pensador como Einstein se encontraba en que tenía una densidad anormalmente alta de neuronas y una mayor densidad de células gliales. Las células gliales son el soporte de las neuronas e intervienen en el procesamiento cerebral de la información en el organismo.

Sus conexiones entre neuronas y extensión de dendritas eran también mayor de lo normal, esta es una característica que nos permite razonar. Finalmente hay que destacar que el cerebro nace en blanco, evidentemente tiene sus neuronas, sus conexiones y células gliales y su estructura, pero somos nosotros quienes a través de nuestra actividad intelectual, científica, matemática, artística desarrollamos más sus conexiones.

◉

Todo empezó dominando el fuego, la primera energía

La combustión del fuego es la reacción cuántica primigenia, la que originó las estrellas. También es para el ser humano la primera vez que consiguió energía a través de una reacción cuántica.

La evolución de nuestro cerebro y el dominio de la mano permitieron al hombre construir las primeras herramientas, primitivas armas para cazar y afiladas lascas para descuartizar las presas conseguidas. Pero sin ningún lugar a dudas el primer progreso científico fue el manejo del fuego.

Ya he destacado que el fuego es una energía primordial del *big bang*, las primeras estrellas ardieron principalmente por la fusión del hidrógeno para producir más helio-4. Y fueron necesarios muchos miles de millones de años antes de que el hombre la utilizase.

Un día el hombre dominó el fuego, fue el primer logro de la humanidad, el dominio de una energía. Fue también una fuente de diálogos, proyectos y creencias.

Posiblemente el hombre empezó a manejar el fuego hace 800.000 años, existen pruebas de trozos de madera y pedernal quemados hallados en un yacimiento paleolítico israelí. Pero sólo fue una utilización de esta energía, ya que aprender a encenderlo data de hace unos 200.000 años, posiblemente fue el homo sapiens u homo neanderthalensis.

Antes de saber hacer fuego, esta energía era un elemento creado por las fuerzas animistas de la naturaleza. Una fuerza que pertenecía a los dioses que se ocultaban tras las oscuras nubes. Los rayos aparecían durante las terribles tormentas convirtiéndose en un peligroso castigo caído desde lo más alto. El rayo era temido por todos los hombres primitivos,

Al principio fue una esforzada lucha por mantener una llama viva, tal y como lo explica la película *En busca del fuego*, didácticamente asesorada por Laekey. El fuego se convirtió en un poder con muchas aplicaciones.

su contacto significaba una dolorosa muerte, en ocasiones temibles incendios que arrasaban los bosques. Los incendios forestales, junto a las lluvias torrenciales, los desbordamientos de ríos y temblores de tierra, eran episodios apocalípticos para aquellos primitivos seres que no comprendían aquellos fenómenos de la naturaleza.

Un día un hombre recogió una rama incandescente y vio las grandes posibilidades que tenía aquella energía. Al principio fue una esforzada lucha por mantener aquella llama viva, tal y como lo explica la película *En busca del fuego*, didácticamente asesorada por Laekey. El fuego se convirtió en un poder con muchas aplicaciones.

Otro ser humano conseguiría con el frotamiento de pequeños troncos o chispas de lascas hacer fuego en cualquier momento y lugar. Fue un gran descubrimiento tecnológico. Con este rústico procedimiento el fuego era una energía portátil, fácil de crear en cualquier lugar. La técnica para conseguirlo fue la primera transmisión científica de una generación a otra.

La invención del fuego fue el primer gran progreso de la humanidad.El fuego aportaba calor en el invierno y creaba un entorno menos hostil. Sentarse por la noche en torno a una hoguera era un acto de sociabilidad, una reunión en la que se intercambiaban experiencias en toscos lenguajes y signos. La hoguera exigía una cooperación, ya que había que mantenerla encendida y eso requería aportar leña, prepararla y arrojarla a las llamas.

La hoguera que reunía a aquellos toscos seres fue el principio de intercambio de ideas. Alrededor del fuego llameante los hombres y las mujeres se reunían para hablar sobre aquel poderoso elemento que les iluminaba y les suministraba calor. Lo veneraban como un dios. Tal vez fue la primera idea de algo poderoso que los ayudaba a sobrevivir. E incuestionablemente surgían otras ideas de cómo utilizar aquella energía, como manejarla mejor y obtener mayores ventajas. De estas primitivas ideas surgirían las antorchas de sebo, las lámparas de aceite,... eran las primeras reuniones de las *Think tanks*.

El fuego significó luz en la oscuridad, permitía iluminar las oscuras noches y alargar las horas del día. Una antorcha de fuego significaba un elemento de iluminación para penetrar en el interior de cuevas y explorar lugares oscuros.

El fuego era un arma disuasoria contra animales depredadores, una forma de ahuyentar a aquellos cazadores nocturnos que aprovechaban la oscuridad y su visión infrarroja para atacar. Varias pequeñas hogueras en torno a la entrada de una cueva se convertían en una poderosa «alambrada» contra cualquier peligro exterior.

Poco a poco el fuego se fue convirtiendo en un elemento de múltiples posibilidades, ya que podía calentar líquidos, inicialmente en cráneos de calaveras y más adelante en cuencos de barro. El hombre empezó a cocinar alimentos en las hogueras e ingerir carnes calientes. Incluso se descubrió que, aunque doloroso, el fuego significaba un medio ideal para cauterizar heridas.

«Cada uno de los átomos de nuestro cerebro y de nuestro organismo está vinculado a cada uno de los átomos de cualquier lugar.»

Fred Alan Wolf
Universos paralelos

El fuego es consecuencia de una combustión y es la base de la vida en nuestro Universo. La vida en la Tierra ha prosperado gracias a la combustión de la estrella que llamamos Sol, que transforma su hidrógeno en helio, reacción que ocasiona una temperatura en la superficie de 5.000 grados centígrados y en su núcleo 15 millones de grados centígrados.

Somos como los hombres primitivos alrededor de una hoguera, estamos lo suficientemente alejados para no quemarnos y suficientemente cerca para beneficiarnos de su calor. Hoy empezamos a beneficiarnos de la energía solar a través de paneles y células solares que nos proporcionan agua caliente y electricidad. Han transcurrido para ello algo más de medio millón de años entre aquel Homo erectus que utilizó una rama encendida para encender una hoguera y el hombre actual manejando un ordenador que pone en marcha una compleja red de paneles solares.

Pero recordemos que los grandes progresos los hemos realizado hace muy poco, hace tan solo un puñado de años en los que todo ha eclosionado de una forma exponencial. Los jóvenes se encuentran un mundo con comunicaciones ilimitadas y creen que siempre ha sido así, quiero recordarles que hace tan solo un siglo se encendían las farolas de la calle con una pértiga. Hoy circulamos entre las laberínticas calles con GPS en las manos. Los móviles han terminado con las cabinas telefónicas y nos aseguran un contacto instantáneo con quien queramos. Posiblemente requirió varios miles de años transmitir, de unos seres a otros, el arte de encender el fuego frotando dos troncos. Hoy la transmisión de los progresos es de un día a otro.

15. LOS HABITANTES DE OTRAS REALIDADES Y LOS PÁJAROS DE SCHRÖDINGER

«En pleno vuelo Wendy pregunta a Peter Pan dónde está la Isla de Nunca Jamás, y éste contesta: "La Isla de Nunca Jamás no se puede buscar. Es ella la que te encuentra".»

Del cuento *Peter Pan*

Los pájaros de Schrödinger

Las aves, como todos los seres vivos, están supeditadas al mundo cuántico. En muchos animales no sabemos de qué forma actúan las leyes cuánticas en sus comportamientos, sus conductas y sus sorprendentes actitudes. No todo es cuestión de instinto, de herencia genética, aprendizaje. Exis-

Existe un mundo cuántico responsable de cosas tan enigmáticas como orientar las aves en sus vuelos.

te un mundo cuántico responsable de cosas tan enigmáticas como orientar las aves en sus vuelos.

Sabíamos que las aves percibían el campo magnético de alguna forma, pero no como. Se dijo que poseían una brújula magnética en el cerebro, en el ámbito de los centros visuales. O una parte magnética en su pico. En el caso de la brújula magnética en el cerebro, si esta parte del cerebro de las aves se desactivaba las aves perdían su «brújula magnética» de orientación, aunque les quedaba su capacidad de fijar el rumbo a partir del Sol y las estrellas.

Hoy hemos descubierto que el secreto de su orientación es la incidencia del campo magnético terrestre sobre los electrones presentes en los iones más inestables de la retina. Esto se produce gracias al efecto Zenón cuántico que permite que el tiempo de incidencia de dicho campo magnético sea lo suficiente duradero para afectar a los iones y producir la señal química necesaria.

Efecto Zenón

El efecto Zenón se basa en la paradoja de la llamada flecha de Zenón. Si disparamos una flecha vemos que en cada instante de su recorrido la flecha está en una posición específica. Si ese instante es lo suficientemente corto, la flecha no tiene tiempo de moverse, por lo que está en reposo durante ese instante. En los siguientes periodos de tiempo, la flecha también estará en reposo por el mismo motivo. La paradoja es que el movimiento es imposible.

De esta paradoja toma el nombre el efecto cuántico Zenón, que destaca que una partícula cuántica inestable, si es observada continuamente, no evoluciona. Así el hecho de

> medir la temperatura de un sistema cuántico en intervalos frecuentes puede que cause que estos no cumplan una ley básica de la termodinámica. Ya que la termodinámica destaca que la interacción entre una gran fuente de calor y un conjunto de sistemas mucho menores debe provocar que estos se vayan aproximando al equilibrio térmico. Pero en los sistemas cuánticos en contacto se presenta una desviación drástica de esta tendencia que se creía universal.

Por tanto vemos cómo los efectos cuánticos intervienen en los sistemas macroscópicos. Es precisamente el entrelazamiento, término acuñado por Schrödinger, lo que destaca que las partículas estén unidas aunque se encuentren separadas por una gran distancia, y hace que se comporten como una sola unidad.

También sabemos que si hacemos girar un electrón en torno a un eje horizontal en el sentido de las agujas del reloj, y otro electrón alrededor del mismo eje, pero en sentido contrario, decimos que el espín total es cero. En este caso existe un entrelazamiento.

El entrelazamiento afecta a algo que hasta ahora era un misterio: la orientación de las aves en sus vuelos migratorios. Sabíamos que las aves se orientaban por cierto magnetismo de la Tierra, pero desconocíamos la profundidad del proceso.

Un importante trabajo de Klaus Schulten, de la Universidad de Illinois, destaca que en el ojo de las aves existe cierto tipo de moléculas, con dos electrones, que constituyen un par entrelazado con un espín total equivalente a cero.

Cuando esa molécula absorbe la luz visible, los electrones adquieren la energía para separarse, y se convierten en electrones sensibles al campo magnético terrestre. Cuando el campo magnético se inclina, afecta a los electrones, cada uno de una forma diferente, lo que origina un desequilibrio que modifica la reacción química que experimenta la molécula. Todo esto produce impulsos neuronales que crean una imagen del campo magnético en el cerebro del pájaro. Los pájaros se orientan dentro de un proceso cuántico basado en el entrelazamiento de Schrödinger. Emulando el vuelo de Peter Pan y Wendy, los pájaros no encuentran sus lugares de destino, son estos destinos los que, de forma cuántica, los encuentran a ellos.

«La gravedad es algo más de lo que tradicionalmente hemos pensado».

Mordehai Milgrom
Instituto Weizmann

El trabajo de Klaus Schulten demuestra como el mundo cuántico afecta al mundo intermedio, resuelve el misterio de la orientación de las aves en sus largos y precisos recorridos. ¿Qué otros efectos puede tener la mecánica cuántica en las funciones del cuerpo humano y en nuestro comportamiento? Podemos plantearnos muchas preguntas, pero por ahora sigamos con las aves y su mundo peculiar.

Al margen de esta cualidad que permite a determinadas aves desplazarse por los campos magnéticos, muchas de ellas poseen una gran capacidad de regular su vista como el zoom de una cámara fotográfica. Las águilas, capaces de volar a 12.000 metros de altura, amplifican las imágenes en el centro de su campo visual. Es como si tuvieran un zoom que le permite localizar una pequeña presa, y luego lanzarse en picado a más de 170 kilómetros por hora sobre ella.

Otro ejemplo de la incidencia cuántica lo tenemos en el hecho de que la luz que incide sobre las plantas excita los electrones de las moléculas de clorofila. Eso pone en marcha a los electrones hacia el centro químico donde depositan la energía y desencadenan las reacciones que nutren las células de la planta. ¿Es esto el nacimiento de la biología cuántica?

En física cuántica espacio y tiempo son secundarios, lo principal son los entrelazamientos que conectan sistemas cuánticos sin referencia alguna al espacio o al tiempo.

Stephen Hawking cree que la teoría de la relatividad debe dejar paso a otra en la que el espacio y el tiempo no existan. El espacio-tiempo clásico surgiría a partir de entrelazamientos cuánticos mediante un proceso de decoherencia. La gravedad podría incluso no existir a nivel cuántico.

◉

Percibiendo la gravedad

Otros de los animales que viven un mundo completamente diferente al nuestro son los cefalópodos. Imaginemos que fuésemos un cefalópodo. Tenemos un cerebro centralizado, pero también tenemos otro cerebro distribuido por nuestro cuerpo, ambos no se interfieren pero se conectan. Nuestros ocho brazos tienen más de cincuenta millones de neuronas con unos quimiorreceptores terriblemente sensibles, hasta el punto de que tocando cualquier alimento ya lo probamos sin necesidad de llevarlo a nuestra boca. Incluso tenemos sentido del gusto en esos quimiorreceptores. Es más, si por accidente perdemos un brazo, este actúa como si estuviera vivo.

Los cefalópodos disponen de ojos que polarizan la luz, por lo que pueden ver a otros seres que utilizan la transparencia para camuflarse.

Al margen de esta peculiaridad extraordinaria, tenemos un par de ojos como los humanos, pero esos ojos perciben la gravedad y se mantienen alineados independientemente de la orientación que adopte el cuerpo. ¿Cómo perciben la gravedad? Es algo que desconocemos, pero cualquier día tendremos una explicación, a través del mundo cuántico, como la tuvimos con la orientación de las aves. Además son ojos que polarizan la luz, por lo que pueden ver otros seres que utilizan la transparencia para camuflarse. Son ojos con cualidades como los pájaros, pero en vez de utilizarlos como impulsos neuronales que crean una imagen del campo magnético en el cerebro del pájaro, los utilizamos para percibir la gravedad. Así que el pulpo, que para algunos sólo es un plato gastronómico, tiene unos ojos que interactúan con una de las cuatros fuerzas fundamentales: la gravedad.

En vez de labio tendríamos pico y saliva venenosa. Nuestra piel está repleta de pigmentos que nos permite escoger, entre una gran gama, el color que queremos tener. Si estamos frente a una pared negra y queremos pasar desapercibidos podemos adquirir el mismo color que esta, y esto lo podemos realizar en un segundo. Es más, si queremos cambiar la textura de nuestra piel para imitar, no sólo el color, sino el dibujo de la pared, también podemos conseguirlo en otro segundo.

Tenemos cierta inteligencia, somos capaces de desenroscar la tapadera de un bote o movernos sin problemas de orientación por un laberinto. Como ser viviente tenemos una gran curiosidad. Es indudable que como pulpo viviríamos un mundo diferente a nuestra realidad, con posibilidades que no tenemos en esta realidad.

Ya he tratado la teoría de los mundos paralelos en que se mueven los perros en *Los gatos sueñan con física cuántica y los perros con universos paralelos.* No voy a insistir nuevamente, pero su realidad es distinta a la nuestra, una realidad que viene marcada por los olores de las moléculas más complejas, desde feromonas hasta olores que nosotros no hemos percibido nunca.

Los olores son tan misteriosos como persistentes, son viajeros del tiempo, capaz de hacernos rememorar cualquier suceso del pasado. Los olores se funden con el pasado, sus moléculas quedan grabadas en nuestros cerebros. El ser humano es capaz de evocar cualquier situación con un olor que se repite. Si hemos vivido una experiencia impactante, una explosión, el cerebro es capaz de rememorarla automáticamente si nuevamente, a pesar de años transcurridos desde el evento, olemos el explosivo o el material que produjo la detonación. Las moléculas de los olores son viajeros del tiempo.

Los perros tienen una gran memoria olfativa, el pasado y el presente se funde en su cerebro en el que anidan otros olores que los seres humanos no percibimos. El mundo de los aromas, olores y perfumes es molecular y por tanto se mueve dentro de un nivel cuántico.

Conozco una pareja que ella le era infiel a su marido, cuando regresaba a casa después de haber estado con su amante el perro la olfateaba intensamente, tenía que ducharse rápidamente. Un día se encontró con su amante paseando el perro y, los perros que no entienden de infidelidades, lo olfateo y con alegría movió la cola, pese a ser un perro poco amigo de los desconocidos que se acercaban a su dueña. Seguramente pensó: «¡Ahora sé de quién es ese olor que mi dueña trae algunos días a casa!».

Quiero concluir destacando que, posiblemente, existen animales que conviven con nosotros y tienen acceso a otras realidades, a otros mundos que están en este y que nosotros apenas intuimos. ¿Quién nos puede afirmar que un gato no ve otras dimensiones?

16. FENÓMENOS PARANORMALES Y MECÁNICA CUÁNTICA

«Si el electrón y el átomo no están vivos, ¿cómo es que los organismos vivos están hechos de electrones y átomos?»

RUPERT SHELDRAKE

Un Universo que no puede comprenderse con una visión racionalista

Al abordar el espinoso tema de los fenómenos paranormales y su relación con la mecánica cuántica me puedo ver bombardeado por los ortodoxos, racionalistas, pragmáticos, científicos clásicos, materialistas o aquellos que están afianzados en viejos paradigmas. Estamos tocando una temática que en parte es aceptada como posibilidad por la psicología transpersonal, disciplina más propensa a investigar y dejar las puertas abiertas a las nuevas posibilidades que ofrecen los nuevos paradigmas.

En este capítulo no estamos afirmando nada, sino planteando posibilidades. Estamos buscando relaciones entre una serie de fenómenos que existen desde los orígenes de la humanidad y la nueva visión del mundo que nos ofrece la mecánica cuántica, con unos comportamientos extraños del mundo subatómico que nos rodea y nos constituye.

La relación entre las teorías de la mecánica cuántica y la psicología transpersonal son en parte cuestión de creer o no creer, es una relación que ha socavado a muchos científicos y ha tachado de brujos a muchos psicólogos. Los ha incluido, injustamente, en el saco de las paraciencias. La relación de lo paranormal con la mecánica cuántica es algo que está ahí, algo que, por arriesgado que sea, debemos afrontar e investigar. Destaca Frédéric Lenoir en *La metamorfosis de Dios* que algunas prácticas del cosmos vivo indican un Universo que no puede comprenderse desde una perspectiva racionalista.

Somos seres cuánticos, con un cerebro formado por partículas cuánticas. Un cerebro que realiza extraños procesos como analizar las sensaciones que vienen del entorno y pensar. No sabemos cómo surgen los pensamientos; sabemos precariamente que nuestras emociones son consecuencia de sustancias endógenas que se generan en nuestro cerebro, pura química cuántica ya que esas sustancias están formadas de moléculas; no sabemos dar una explicación a nuestro mundo onírico, ni tampoco sabemos por qué sometidos a fuertes emociones o sustancias entéogenas se abren las puertas de la percepción de otras realidades. Es la relación que todos estos interrogantes puedan tener con el mundo cuántico lo que vamos a buscar en un ejercicio de imaginación sin prejuicios.

«Si los electrones están conectados simultáneamente con todo, esto implica algo profundo respecto a la naturaleza del mundo general.»

Lynne McTaggart
Autora de *El Campo*

No estoy solo en esta búsqueda y en los planteamientos que ofreceré. Ya intuían la existencia de esa relación y de las grandes posibilidades que ofrece el nuevo paradigma cuántico en los fenómenos paranormales, psicólogos y psiquiatras de prestigio como Stanislav Grof, Daniel Goleman y Richard Yensen, todos ellos mentes pluridisciplinarias avanzadas a nuestra época que no han tenido prejuicios en decir lo que pensaban. Sus argumentos fueron corroborados por filósofos y pensadores fuera de toda sospecha como Ken Wilber y Eduard Punset.

En cuanto a los físicos, fue Alan Wolf el primer físico cuántico en investigar ese paradigma que entrelazaba a las dos disciplinas. Y fueron defensores David Bohm, Frijof Capra y otros. Sólo hay que seguir las conversaciones entre la doctora Renée Weber y algunos científicos para darnos cuenta que estaban muy convencidos de las relaciones entre estas disciplinas en el nuevo paradigma cuántico.

Lo que llamamos verdad científica no es más que una teoría mejor corroborada en un momento dado. Todo paradigma puede ser sustituido por un nuevo paradigma, lo que se aprende no es nunca lo que uno esperaba.

Ya he destacado en las segunda parte de este libro que nuestros órganos son consecuencia de las necesidades que precisábamos para sobrevivir y seguir evolucionando. Esta evolución nos ha acostumbrado sólo a ver con los ojos, una visión única de lo que nos rodea. Cuando lo sobrenatural irrumpe ante nosotros y transforma una realidad en otra, nos damos cuenta que no estamos preparados, nos asustamos y creemos que estamos perturbados. Sin embargo esa nueva realidad también existe, y eso es lo que trataremos de investigar con las teorías del paradigma cuántico.

◉

Una apreciación sobre los falsos adivinos

Destaca un dicho romano: *Populus vult decipi, ergo decipiatur* (La gente quiere ser engañada, así que engañémosla), y eso es lo que hacen los falsos videntes, sanadores y maestros espirituales o gurús. Ninguno de ellos tiene poderes, sólo vive a costa del engaño de sus supuestos poderes, del carisma que enloquece, de su mundo cargado de amor y buenas intenciones.

Solo unas breves líneas para distanciarnos de esos ilusionistas que viven de los que quieren ser engañados.

Seamos sensatos. ¿Si usted tuviera poderes psíquicos de verdad qué haría? Lo más lógico es que pasase lo más desapercibido posible. Obtener dinero para vivir sería algo sencillo, pero no lo más esencial. Con poderes psíquicos se está accediendo a otra realidad, el mundo tiene otros valores y sensibilidad, hay cosas más interesantes para experimentar. ¿No sería más lógico buscar discretamente a otros que también hubieran tenido esta mutación? Estar en posesión de determinadas facultades parapsíquicas significaría para cualquier persona un terrible riesgo de su vida. ¿Cuántos gobiernos desearían tener gente así en sus filas? ¿Cuántas multinacionales o grupos terroristas estarían dispuestos a hacer cualquier cosa para utilizar esta fuente de poder? Lo último que haría una persona sensata es instalarse como tarotista o vidente, y menos con el público que tendría que soportar.

«—Aquí todos estamos locos. Yo estoy loco. Tú estás loca.
— ¿Cómo sabes que estoy loca?
— Tienes que estarlo, o no habrías venido aquí.»

Lewis Carroll , *Alicia en el País de las Maravillas*

Si después de estos argumentos lógicos sigue creyendo en los adivinos o adivinas es que es usted muy inocente o adicto al dicho romano antes expuesto.

Podría abordar mancia por mancia y desmontarlas científicamente, ya que en el mundo de la ciencia carecen de toda tipo de credibilidad. Para conseguir ese objetivo tendría que dedicar un importante número de páginas de este libro que no es el cometido que nos hemos propuesto y un tiempo que no merecen que les dedique estos faranduleros del engaño.

En tiempos de crisis y confusión la gente acude en tropel a estos videntes en busca de una salida desesperada a sus problemas, llegan desesperados a estos lugares de fraude y acaban confiando en personas que tienen un fuerte liderazgo y les ofrecen una seguridad que no tienen y les prometen un futuro mejor.

A grandes rasgos existen tres clases de engaños: los que comercializan productos que supuestamente ayudan a mantener el equilibrio espiritual; los que ofrecen crecimiento personal dentro de una mayor calidad de la mente y un aumento de los supuestos poderes; y los adictos a los ovnis.

La gente malgasta su dinero en adivinas y adivinos, sin pensar que, si tuvieran la facultad de conocer el futuro no estarían engañando a la gente. Con toda seguridad estarían viviendo de sus poderes que les aportarían más beneficios comprando el número de lotería que su poder les ha señalado como el próximo en salir premiado.

Estos adivinos y adivinas poseen una gran psicología y muchas tablas, y sólo con ver atravesar por la puerta al cliente ya saben sus problemas y lo que van a consultar. Un par de preguntas, hábilmente colocadas en un inocente preludio, les sirve para sonsacar al ingenuo cliente. Tan solo que adivinen algo y, que lo que le han pronosticado se cumpla, han asegurado la fidelidad de un cliente. Pero tarde o temprano fallarán. El truco de su continuidad como adivinos/as, está en la cantidad de clientes semanales. Si de cada cien clientes semanales consiguen acertar en 33, han asegurado la tercera parte, una tercera parte que la próxima consulta puede quedar reducida a 10, basándonos en el mismo porcentaje de fallos. Lo importante es que piquen otros cien en la semana siguiente y nuevamente se dispone de la probabilidad de acertar en 33 que se sumarán a los que se arrastran de semanas anteriores.

La cantidad es lo que les asegura un buen negocio y una continuidad. Es un simple cálculo de probabilidades. Son cifras claras, lo que personalmente no entiendo es cómo pueden haber tantos cientos de ingenuos cada semana.

No confundamos este mundo de engaño y teatro con lo que vamos a abordar en las próximas páginas. No tiene nada que ver. Una cosa es la farándula y otra un análisis serio de unos hechos, posibles o no posibles.

◉

Las partículas también tienen vida

¿Hemos de concluir que las partículas cuánticas tienen vida? Es una respuesta difícil, lo que sí está claro es que tienen memoria. El interrogante de Sheldrake en la frase que inicia este capítulo, es contundente, estamos hechos de electrones y átomos, y estas partículas han demostrado en experimentos no sólo que tienen memoria, sino que se comunican entre ellas.

Los efectos cuánticos también pueden ser revelantes en los procesos biológicos. Nuestro cerebro está formado por millones de células que están compuestas por billones de átomos que obedecen a leyes cuánticas. En lo más profundo todo el sistema nervioso actúa de acuerdo con los dictámenes de leyes cuánticas. Miles de reacciones químicas tiene lugar cada día en nuestro cuerpo, reacciones químicas en las que intervienen complejos conjuntos de moléculas, reacciones que se generan en nuestros cerebro descargando sustancias endógenas y otras veces reacciones debido a elemento externos que transforman y modifican estructuras moleculares.

Destaca Karl Pribram que cada neurona del cerebro puede conectarse al mismo tiempo y hablar con todas las demás simultáneamente a través del proceso cuántico interno. Para Pribram estamos sintonizados únicamente con un rango limitado de frecuencia. Sin embargo cualquier estado modificado de consciencia (EMC) relaja esta limitación, y nos permite acceder a lo que normalmente no podemos. Personalmente no diría que «relaja», sino que conecta más partes de nuestro cerebro, que no precisamos para la vida cotidiana, y vemos con esta superconexión otras realidades que están ahí fuera. Aldous Huxley, tras sus experiencias con sustancias enteógenas, destacaba que se abrían las puertas de la percepción. Yo diría que se ponen en contacto entre sí partes remotas del cerebro, cediendo aquellas partes condicionadas que ven sólo una realidad y dejando acceso a una visión cuántica del mundo. Esto implica poder ver lo que no estamos acostumbrados a ver, trascender el tiempo y acceder a una gama desacostumbrada de comunicación con el más allá.

Todo parece indicar que somos capaces de percibir mucho más de lo que imaginamos, somos capaces de percibir el futuro, de realizar curas milagrosas en nuestro organismo, y todos estos fenómenos son explicables bajo las teorías cuánticas.

En ocasiones atribuimos a lo paranormal intuiciones o premoniciones, cuando sólo son informaciones que están en el subconsciente, o paquetes cuánticos que nos llegan. Algunos profesionales de la psicología creen que nuestra mente subconsciente sabe más que nuestra mente consciente. Posiblemente hay más información en el subconsciente de nuestro cerebro que en nuestra mente consciente.

Ocurre que no estamos en sintonía con nuestro propio cuerpo, con nuestros átomos y moléculas que Sheldrake considera que están vivos.

◉

Breve vademécum de fenómenos extraños

Veamos inicialmente qué clasificación seria podemos realizar de los supuestos poderes mentales. Más adelante entraremos en su relación con la mecánica cuántica.

Sin duda el más popular y conocido por todos es la telepatía, una facultad que se popularizó en los años sesenta a través de las pruebas realizadas con las cartas Zener. La telepatía es la transmisión de pensamiento entre dos personas aunque se encuentren muy alejadas. Curiosamente, pese a ser la facultad más conocida no hay apenas referencias en las culturas antiguas, y sólo empieza a mencionarse en el siglo pasado.

No hay apenas referencias a la telepatía en las culturas antiguas, y sólo empieza a mencionarse en el siglo pasado.

La retrocognición, visión del pasado, y precognición, visión del futuro. Estas dos facultades tienen muchas más referencias en los oráculos griegos y en la misma Biblia. Es una de las fuentes de fraude de los adivinos y adivinas, incluso muchos oráculos

Si nos hemos de atener a la Biblia, Moisés era telequinésico, ya que a distancia separó las aguas del mar Rojo.

griegos se valían de artimañas, drogas y EMC para engañar a sus visitantes.

La telequinesia es la facultad de mover objetos a distancia. Si nos hemos de atener a la Biblia, Moisés tenía este tipo de poder, ya que a distancia separó las aguas del mar Rojo. Pero estamos hablando de un relato bíblico como los hechos de la Ramayana donde también se utiliza esta facultad. El ilusionista Uri Geller también la popularizó el siglo pasado, pero Geller era eso, un ilusionista.

La bilocación es la facultad de poder estar en dos lugares a la vez. Una facultad que sólo se le ha atribuido a los santos, y cuya veracidad es cuestión de fe. Hasta ahora sólo lo han conseguido determinadas partículas.

Se denomina remisión instantánea o curación espontánea a la facultad de autocurarse de una enfermedad terminal.

Existen muchos casos en el mundo que se están estudiando en la actualidad, ya que, hasta ahora, no se ha encontrado una explicación médica.

También hay que citar las experiencias cercanas a la muerte (ECM), que en la actualidad están siendo estudiadas seriamente por varios investigadores de centros clínicos de Estados Unidos y Europa.

Finalmente mencionaremos la traslación en el tiempo, un fenómeno que aparece por primera vez en el Libro de Jeremías. Es un fenómeno que no parece que se haya dado, ni antiguamente ni en la actualidad, de lo contrario, como dice Stephen Hawking, estaríamos rodeados de turistas del futuro.

◉

Entrelazamiento, todos estamos interconectados

Pensamos repentinamente en un amigo que no vemos hace años, doblamos la esquina y no lo encontramos de frente. Pensamos en una persona se encuentra lejos y recibimos su inesperada llamada telefónica. Nos parece oír que nos llama un compañero de trabajo, acudimos a su mesa y nos anuncia que no nos ha llamado pero que estaba pensando en hacerlo. ¿Casualidades o telepatía cuántica?

En estos sucesos habituales entre los seres humanos se estaría dando un entrelazamiento cuántico, es decir, la conexión entre partículas de una y otra persona. Es el entrelazamiento el que nos informa sobre el amigo que está a punto de doblar la esquina. Así como también es el entrelazamiento el que nos avisa que un amigo nos va a llamar por teléfono, y se produce porque lo ha pensado antes de marcar nuestro número, y sus partículas cuánticas cerebrales nos han advertido antes de la llamada.

El «contacto» o entrelazamiento entre partículas es algo demostrado en el experimento EPR, en el que se descubrió que, pese a las grandes distancias que pudieran separar a dos partículas, seguía existiendo una conexión entre ellas. Por otra parte recordemos que nuestras partículas son susceptibles de llevar información, lo que no sabemos cuánta y cómo la eligen, pero también puede ocurrir que la cantidad de información sea ilimitada. De la misma manera que neuronas de nuestro cerebro llevan, cada una de ellas, toda la información del resto de las neuronas sin un límite aparente. Stanley Krippner cree que existe un campo de información que permea la existencia, «un campo en el que todos participamos de él (…) todos estamos interconectados (…) todos somos periféricos enchufados en este infocampo».

La realidad es que estamos conectados al resto de todas las cosas y que cada molécula de nuestro cuerpo se comunica con millones de otras moléculas.

La retrocognición, visión del pasado, y precognición, visión del futuro. El tiempo es uno de los aspectos más discutibles dentro de la mecánica cuántica y una conclusión general parece que lo sitúa en una ilusión. Parece que sólo en los sueños y en los EMC podemos romper las barreras del espacio-tiempo. Eduard Punset destaca que «el proceso de soñar, que permite romper las barreras del espacio tiempo, es mucho más sofisticado y complejo que el proceso de pensar». Y Michael Talbot, nos explica que cuando despertamos «se derrumba, el espacio-tiempo del sueño, en una región sin dimensionalidad o tiempo». El sueño es otra realidad o un universo paralelo, que nos ofrece mensajes a muchos de nosotros. En los sueños lúcidos somos testigos de otros mundos, ya que la mente es capaz de captar otras realidades al no estar distraída por los condicionamientos de la vida terrenal.

Es precisamente en los sueños cuando tenemos las más importantes experiencias de retrocognición o precognición, cuando vemos algo que no ha sucedido y sucede, o cuando vemos algo que sucedió en el pasado. Aunque en el último caso podría tratarse de una información filogenética que portamos en nuestras cadenas de ADN, repletas de partículas subatómicas.

El indeterminismo cuántico destaca que para un estado cuántico particular existen muchos futuros alternativos o realidades infinitas. Un suceso de algo que no ha sucedido y que soñamos, puede producirse, pero también no puede acontecer en nuestra realidad, pero sí puede ocurrir en otro universo paralelo.

Fred Alan Wolf postula que los electrones son posibles candidatos a ser receptores de mensajes que vengan del futuro o de otros universos paralelos. Recuerda que el electrón tiene la facultad de desaparecer en nuestro mundo para aparecer en otro. Wolf cree que muchos fenómenos psíquicos inexplicables podrían ser explicados como información que procede y que se canaliza desde los universos paralelos.

◉

La mente humana puede afectar a la materia

La telequinesia es la facultad de mover objetos a distancia. Sólo los personajes de *Star Wars* tienen la facultad de mover objetos a distancia, de atraer sus espadas láser desde varios metros. En la vida real eso es una utopía, algo imposible en la física clásica. Podemos mover objetos a distancia con electroimanes, pero con nuestra manos no tenemos ninguna facultad de mover nada si no lo tocamos. Sin embargo, en el mundo cuántico cabe esa posibilidad. Nosotros sólo influimos en los objetos del Universo que podemos tocar, por eso el mundo nos parece local. Pero la mecánica cuántica incluye acciones a distancia, ya que el mundo cuántico no es local. La no-localidad o la posibilidad de afectar a algo sin tocarlos, es un fenómeno real y contrario al razonamiento de la física clásica.

El novelista Michael Talbot sugiere que «ulteriores descubrimientos han impelido a algunos físicos a sugerir que le mente humana puede afectar a la materia».

¿Puede la mente mover un objeto sin tocarlo? Cuando dos personas dialogan se están transmitiendo sus energías a través de partículas que saltan de uno a otro, si todos estamos interconectados sería normal que pudiéramos mover un objeto sin tocarlo, sólo pensando en él o enviándole partículas que le diesen instrucciones para que se moviese. Es posible, pero demasiado complicado para nuestro cerebro, sobre todo comprendiendo que no sabemos manejarlo adecuadamente. En realidad, no sabemos darle instrucciones adecuadas, sólo las necesarias para mover nuestro cuerpo, y esas instrucciones van canalizadas por el sistema nervioso, aunque lo que circula en su interior son partículas cuánticas en forma de señales eléctricas a 400 kilómetros por hora.

Nuestra acción a distancia puede influir en nuestro propio organismo en los casos de curación espontánea. El doctor Andrew Weil destaca que «la curación espontánea es una tendencia natural que nace de la naturaleza interna del ADN». Más adelante veremos la relación que tienen el ADN y la consciencia.

El concepto de «curación espontánea» hace referencia a las ocasiones en las que el cuerpo se regenera por sí solo o se deshace de una enfermedad sin la ayuda de una intervención médica convencional, como la cirugía o los fármacos.

Es un hecho que acaece cuando algunos enfermos son diagnosticados con una enfermedad incurable y en muchos casos terminal. Puede ser un tumor o cualquier otra patología extendida que la medicina es incapaz de curar. De pronto, al cabo de un tiempo, se produce una «curación espontánea», el tumor o la enfermedad terminal ha desaparecido. Aquel enfermo que tenía una semanas de vida se ha recuperado totalmente de una forma milagrosa. Pero todos sabemos que los milagros no existen en la medicina ni en las enfermedades, por eso se denomina a este proceso con el simple nombre de «curación espontánea».

Muchos historiales clínicos corroboran este hecho, con radiografías que muestran un cuerpo sano donde antes había un tumor maligno incurable por su extensión. Por circunstancias que desconocemos el cerebro instintivamente ha intervenido para sanar aquello que esta perjudicando al organismo. Dice Lynne McTaggart que «(…) la enfermedad es un estado donde la comunicación subatómica se rompe y enfermamos cuando nuestras ondas no están en sintonía».

Un proceso que sólo se produce cuando actúan niveles más elevados de la mente y

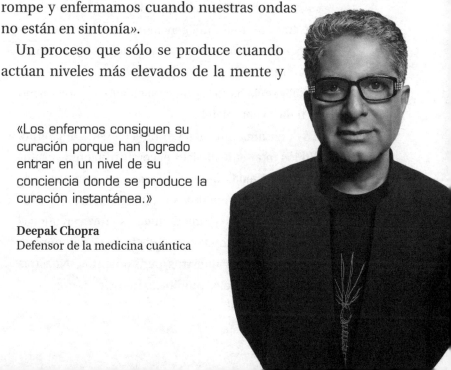

«Los enfermos consiguen su curación porque han logrado entrar en un nivel de su conciencia donde se produce la curación instantánea.»

Deepak Chopra
Defensor de la medicina cuántica

la consciencia, donde se establecen las condiciones óptimas para que actúe un poder de recuperación interno del paciente. Un proceso en el que intervine la mente y la consciencia, y donde el cerebro producirá las sustancias necesarias para regenerar las partes dañadas.

Debemos aceptar que el cerebro funciona por procesos cuánticos donde cada neurona, dentro de este proceso, puede conectarse al mismo tiempo y «hablar» con las demás neuronas simultáneamente, dando de ese modo instrucciones para que determinadas energías recorran nuestro organismo y accedan a zonas más oscuras en las que ha surgido una enfermedad.

Destaca Joe Dispenza que todos los que han experimentado remisiones y curaciones espontáneas tienen cuatro cualidades específicas en común. Estas cualidades resumidas son las siguientes:

Uno. Todos los que han experimentado una curación instantánea tienen una elevada inteligencia innata. Se trata de una inteligencia que sabe cómo mantener la organización en las células, los tejidos y los órganos. ¿Por qué? Sencillamente porque esta inteligencia ha sido quien ha creado ese organismo y toda su complejidad.

Dos. Los pensamientos afectan directamente al cuerpo. En los momentos felices el cerebro elabora sustancias endógenas que nos hacen sentir mejor, más positivos. Y si repetimos un pensamiento que produce sustancias químicas que nos provocan buenas sensaciones, modificamos, cada vez más, nuestro cuerpo físico y nuestros pensamientos. Nuestras actitudes mentales modifican nuestro cuerpo.

Tres. Según Dispenza podemos reinventarnos a nosotros mismos. Es decir, cambiar nuestro carácter, nuestras actitudes, cambiar el comportamiento y los pensamientos que nos han llevado hasta la enfermedad. Se trata de dar una nueva forma a los pensamientos, tener una visión nueva de la vida y nosotros mismos. Esto hace cambiar nuestras redes neuronales y cambiar el cerebro, y a su vez podemos cambiar nuestro nivel celular.

Cuatro. Destaca Dispenza que somos capaces de concentrarnos tanto que perdemos el sentido del espacio y del tiempo. Una afirmación que respaldan muchos investigadores, entre ellos Eduard Punset, cuando explica la relatividad del espacio y del tiempo en los sueños. La curación espontánea requiere un gran esfuerzo mental, un cambio de la mente y de sus valores.

Finalmente hablaremos de la bilocación, un fenómeno que sólo se ha dado en historias de santos, y que no parece darse en la vida común, donde todos los casos que se explican son fantasiosas historias sin una confirmación científica. Pero es un fenómeno que se puede dar en el mundo cuántico, aunque cueste aceptar que puede haber objetos que estén en dos sitios a la vez.

La mecánica cuántica postula que existen probabilidades de que incluso los sucesos más extraños y poco probables sucedan realmente. Todos los sucesos, por extraños que sean, son reducidos a probabilidades por la teoría cuántica. ¿Tal vez precisamos que nuestra mente comprenda y acepte este nuevo paradigma? ¿Tal vez el tiempo y la evolución nos llevará comprender fenómenos que hoy no entende-

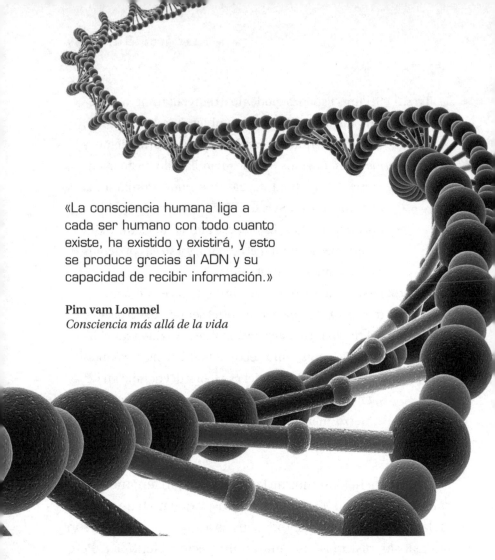

«La consciencia humana liga a cada ser humano con todo cuanto existe, ha existido y existirá, y esto se produce gracias al ADN y su capacidad de recibir información.»

Pim vam Lommel
Consciencia más allá de la vida

mos? ¿Tal vez precisamos una actitud cuántica para que se produzcan portentosas conexiones en nuestro cerebro que nos permitan ver otras realidades?

●

Consciencia, ADN y mecánica cuántica

Las experiencias cercanas a la muerte (ECM) y su relación con la mecánica cuántica han sido tratados por el cardiólogo Pim vam Lommel en su reciente libro *Consciencia más allá de la vida*, donde nos exhorta a cambiar la visión del mundo que nos ha inculcado la física clásica, un mundo donde impera la realidad objetiva, todo se mueve de forma predecible, y las interacciones son por contactos directos. Y, evidentemente, en la física clásica no hay sitio para la consciencia, ya que es un mundo que funciona como una máquina.

Lommel asegura que se tienen pruebas de la comunicación instantánea y no local entre la conciencia de un sujeto y sus glóbulos blancos aislados en un medio de cultivo a distancia. También destaca que en algunos trasplantes de corazón se ha comprobado que el sujeto receptor puede sentir retazos de sentimientos e ideas del donante. Atribuye este hecho a que el corazón tiene el ADN específico del donante.

Lommel abre una serie de hipótesis que relacionan al ser humano, la consciencia y la mecánica cuántica. Así destaca que la consciencia no puede localizarse en ningún lugar del cuerpo humano, ni en el corazón ni en el cerebro. Está en todas partes en formas de ondas de probabilidad.

Lommel, igual que Aldous Huxley en su filosofía perenne y Carl Jung en el inconsciente colectivo, sitúa a la consciencia individual como una parte de una consciencia universal no local. Señala que nuestro cerebro funciona como interfaz entre nuestra consciencia individual y la consciencia universal no local, envía y recibe información.

Destaca Lommel que en los EMC, cuando el cerebro está desbloqueado, se produce y permite el paso a un estado superior de consciencia expandida que nos aporta información de otras realidades.

¿Qué pasa cuando morimos? Para Lommel cuando el cuerpo muere, la consciencia no puede seguir comportándose como una partícula, por tanto, existirá para siempre en forma de funciones de onda en el espacio no local.

Lommel destaca la importancia que tiene el ADN, único elemento que está en todas las células, portador de partículas cuánticas e información. Lommel considera que el desarrollo del ADN en los organismos es un proceso cuántico no local, que funciona como una «antena cuántica» para recibir información almacenada en forma de funciones de onda en el espacio no local. Finalmente, Lommel, cree que la consciencia humana liga a cada ser humano con todo cuanto existe, ha existido y existirá, y esto se produce gracias al ADN y su capacidad de recibir información.

«El origen y el destino de la energía en el Universo no pueden entenderse del todo si se aíslan de los fenómenos de la vida y la consciencia».»

Freeman Dyson
Físico teórico

◉

Psicología transpersonal y nuevo paradigma cuántico

Hemos hecho referencia a lo largo de este capítulo a la psicología transpersonal. No quisiera terminar sin hacer unas breves referencias a esta disciplina de la medicina. La psicología transpersonal aborda el estudio de los potenciales elevados de los seres humanos, así como los estados trascendentes y lo realiza a través de experiencias y procesos que nos permiten trascender nuestra limitada sensación habitual de identidad, permitiéndonos experimentar otras realidades. Al margen de su importante contribución en el ámbito de la consciencia humana, fue una de las primeras especialidades en aceptar el nuevo paradigma cuántico.

Digamos que mientras la mayor parte de la humanidad tiene una visión materialista y vive para el futuro, la psicología transpersonal tiene una visión más trascendente y vive el presente, el aquí y ahora, como la mecánica cuántica. Schrödinger destaca que «el presente es la única cosa que no tiene fin».

La visión de la psicología transpersonal no es dualista, es holística, la energía y todo lo que nos rodea no está separado de nosotros ni de nuestra existencia. Formamos parte de un

Según la psicología transpersonal, estamos interconectados a todo lo que nos rodea, como un yogui en el momento de su meditación.

todo. Así, mientras el sistema actual cree que el ser humano está limitado por el perímetro de su piel, en la psicología transpersonal no existe esa frontera, estamos interconectados a todo lo que nos rodea.

Quiero terminar con una historia que hace referencia a esta interconexión. Kryiananda explica el relato de un etnólogo que cuando llegó a la India y se encontraba viajando a través de la jungla, vio a un hombre santo que bailaba solo en la selva. Corría y abrazaba a los árboles, reía cuando las hojas le acariciaban suavemente el rostro y, con estas caricias parecía experimentar una inmensa alegría. El etnólogo estuvo observándolo largo tiempo hasta que, no pudiendo contenerse más, fue hacia el extraño personaje y le preguntó: «Perdón ¿qué es lo que le hace bailar, reír y hablar, aquí solo en la jungla?» El yogui lo miró sorprendido y, con una expresión en el rostro de no comprenderlo en absoluto, respondió: «Perdone, pero, ¿qué es lo que le hace pensar que estoy solo?».

❊

Cuarta parte
LAS HERRAMIENTAS CUÁNTICAS

«Se ha precisado construir la máquina más grande del mundo para buscar los fragmentos más pequeños del Universo.»

The Guardian

17. LARGE HADRON COLLIDER

«No creo que el próximo gran acelerador sea como el LHC. En lugar de colisiones de protones, será de electrones y positrones, partículas ligeras, y será lineal en lugar de circular. Tenemos que desarrollar nuevas tecnologías de aceleración.»

ROLF-DIETER HEUR. Director del CERN
(Organización Europea para la Investigación Nuclear)

LHC, adiós hasta el 2015

En esta cuarta parte realizaremos un recorrido por los instrumentos y tecnologías que hemos tenido que desarrollar y construir para explorar lo infinitamente pequeño, lo infinitamente grande y el mundo intermedio. Lo realizaremos bajo la visión cuántica y las perspectivas del nuevo paradigma. No voy a entrar en descripciones técnicas de estas herramientas, ya que en muchos casos, especialmente en el LHC ya lo hice en mis dos anteriores libros, *Los gatos sueñan con física cuántica y los perros con universos paralelos* y *La ciencia de lo imposible*. Voy a explicar las posibilidades que todos estos grandes instrumentos tienen en lo que respecta a revelarnos los secretos del cosmos.

Empezaremos por el LHC, el más grande instrumento de investigación y más costoso de todos los que hemos construido. Como dice *The Guardian*, la máquina más grande para explorar lo más pequeño.

Antes de arrancar el proyecto del CERN de construir el LHC, existía el Tevatrón del Fermilab con un anillo de 6,3 kilómetros. El LHC dispone de un anillo de 27 kilómetros, ¡un salto cuántico! Existían algunos aceleradores lineales como

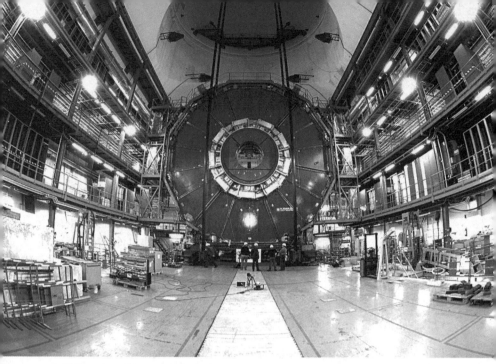

El LHC, la máquina más grande para explorar lo más pequeño.

el Stanford Linear Accelerator, con una longitud de 3 kilómetros, pero todos muy por debajo de la monstruosa capacidad y potencia del LHC.

Sin duda el logro más importante del LHC ha sido el descubrimiento del bosón de Higgs del que ya hemos hablado en la primera parte. Ha sido la estrella que ha llevado al acelerador a la fama. EL bosón de Higgs aun puede aportarnos muchas sorpresas tras un análisis de los resultados obtenidos, algo que aún tardará algún tiempo. Son millones de impactos y rastros con sus trayectorias que se deben examinar, medir y calcular.

El LHC ha dejado de funcionar el pasado mes de enero de 2013. Se trata de una compleja parada técnica para revisar sus instalaciones y aumentar su potencia. El solo hecho de subir y bajar su temperatura requiere meses. Recordemos que trabaja a temperaturas criogénicas de 271º C bajo cero para no perder energía. Será un largo apagón durante todo el año 2013 y 2014. Está previsto reanudar su funcionamiento a finales del 2014 o principios del 2015.

En el pasado mes de enero ha realizado varias colisiones de protones con iones pesados de plomo con el fin de producir condiciones extremas a muy alta energía recreando las condiciones que se produjeron instantes después del *big bang*. Para alcanzar estas altas temperaturas —un billón de °C, que es un millón de veces la temperatura en el interior del Sol— se hacen chocar núcleos de plomo, estas colisiones crean un plasma de quarks y gluones que dura una billonésima de billonésima de segundo. Han sido los últimos experimentos del LHC antes de pararlo.

El objetivo de la parada técnica del LHC es aumentar su potencia. Ahora ha alcanzado los 8 TeV, es decir 8 billones de electronvoltios. Con el aumento de potencia el LHC alcanzará, cuando se reinicie, los 14 TeV.

Durante los tres años de funcionamiento se han producido seis mil millones de colisiones. De estas, 5.000 fueron de interés y 400 resultaron compatibles con el bosón de Higgs que fue detectado en un rango de masa de 123,5 GeV (mil millones de electronvoltios).

Durante la parada técnica se continuará trabajando en el LHC, coordinando el proceso de aumento de potencia y analizando los billones de datos que se han generado hasta ahora.

¿Cuáles son los objetivos del LCH para el futuro? Encontrado el bosón de Higgs no se descarta el descubrimiento de otras partículas, el mundo subatómico es todavía un inmenso océano repleto de sorpresas y extraños acontecimientos. Se habla de posibles estructuras internas en los quarks, esa búsqueda será uno de los objetivos del LHC en el futuro. Existen otros objetivos, como el determinar la causa de la ruptura de la simetría y la búsqueda de nuevas fuerzas de la naturaleza con el fin de tener una descripción unificada de todas las interacciones. Ya he destacado como el LHC es un instrumento que explora lo infinitamente pequeño y realiza descubrimientos en lo infinitamente grande. Las futuras colisiones a mayor potencia permitirá la observación de partículas neutras y estables que podrían contribuir al descubrimiento de la materia oscura, tema que intriga a astrónomos y cosmólogos. También examinará nuevos dominios buscando pruebas de dimensiones ocultas del espacio-tiempo, así como nuevas interacciones fuertes, la supersimetría y otros aspectos inesperados. Lo que parece evidente es que, por ahora, no se construirán nuevos aceleradores más grandes ni en Europa ni en Estados Unidos. El LHC aún puede generar mucha información cuando, después de su parada técnica, alcance su nueva potencia para trabajar.

◉

Los costes: del Proyecto Apolo al LHC

Uno de los aspectos más controvertidos para el público en general es el gran coste de este complejo y sus aparentes beneficios. El ciudadano neófito en la materia argumenta que se trata de un gran instrumento destinado a saciar la curiosidad de los científicos, como veremos más adelante sus beneficios son diversos en otras especialidades. Veamos inicialmente cuál ha sido el coste de este gigantesco proyecto del CERN.

Inicialmente, en 1995, se invirtieron 1.700 millones de euros, más 140 millones más destinados a experimentos. La revisión de 2001 representó 300 millones de euros más 30 millones más destinados a experimentación. Hubo un

El proyecto más caro del progreso humano fue el Proyecto Apolo, que llevó al hombre a la Luna, y cuyo coste fue, desde 1961 hasta su final, de 22.718 millones de dólares.

coste adicional de 120 millones de euros en el reemplazo de unas bobinas magnéticas. A todo esto hay que sumarle 1.100 millones de euros en 2011 para funcionamiento, recambios y experimentos. Desconozco si en esta última partida están incluidos los gastos de reformas para su aumento de potencia previsto para los próximos años, en cualquier caso el montante total asciende a unos 3.400 millones de euros. No es, ni por mucho, el proyecto más caro de la humanidad. Sin duda el proyecto más caro del progreso humano fue el Proyecto Apolo que llevó al hombre a la Luna, y cuyo coste fue, desde 1961 hasta su final, de 22.718 millones de dólares. Claro que el Proyecto Apolo no fue sólo un proyecto científico, había intereses militares y estrategias políticas. Pero significó grandes descubrimientos, no sólo en los cohetes y la construcción de módulos espaciales, sino en la medicina, electrónica, computación y en otros elementos que hoy utilizan los ciudadanos del mundo en sus cocinas como el microondas. Otra de las tecnologías que desarrolló el Proyecto Apolo fue el control remoto de las constantes fisiológicas de los astronautas, los tejidos especiales de los trajes destinados a soportar altas y bajas temperaturas, las viseras polarizadas, y muchos otros aspectos más.

El LHC no ha sido sólo un proyecto para saciar el interés y la curiosidad de los científicos por conocer nuestro cosmos. Aunque lo hubiera sido me parece muy noble este interés, ya que sus inquietudes por conocer los orígenes de nuestra existencia son las de muchos habitantes de este planeta. Conocer nuevos secretos de nuestra realidad es ya por sí solo una justificación. Si no fuese así viviríamos en la oscuridad, la ignorancia y los temores del medioevo, sometidos a sombrías creencias fundamentalistas que seguirían llevando a los pensadores a la hoguera.

«Aunque las tristes máquinas sigan funcionando, no te espantes demasiado, amigo mio…»

G. K. Chesterton
El Napoleón de Notting Hill

Parte de los descubrimientos del LHC no son inmediatos, se requiere tiempo para analizar toda la información que han acumulado sus experimentos. Tan sólo la construcción del acelerador requirió tecnología de frontera, la creación de nuevos materiales y la invención de nuevos instrumentos técnicos.

El desarrollo del LHC ha generado tecnología punta y la creación de muchas empresas industriales. Todo ello ha significado puestos de trabajo entre científicos y entre técnicos de diferentes disciplinas. Un ejemplo de estos descubrimientos lo tenemos en el desarrollo de dispositivos de implantación iónica que se utilizan para la fabricación de prótesis de rodilla o cadera.

Los avances tecnológicos en medicina deben a los aceleradores de protones los descubrimientos en sus nuevas terapias contra el cáncer. Unos avances que han solucionado los problemas de las radioterapias con sus efectos secundarios y su indiscriminación a la hora de matar células, tanto buenas como cancerígenas. Fue el laboratorio Fermilab quien desarrolló aceleradores de protones para los centros médicos que en la actualidad se distribuyen por los hospitales de todo el mundo. Las técnicas con imágenes en medicina, como la resonancia magnética nuclear y las tomografías, se han desarrollado gracias a la tecnología de los acelerados de partículas. Ambas técnicas presentan grandes ventajes respecto a los dañinos rayos X.

El desarrollo de grandes instrumentos de investigación genera múltiples inventos paralelos que benefician a toda la humanidad. El descubrimiento futuro de nuevas partículas y fuerzas de la naturaleza tendrá una clara repercusión en toda la sociedad. Los grandes proyectos de investigación no sólo aportan nuevos conocimientos científicos sino progresos que benefician a todos.

18. EN BUSCA DE LA FUSIÓN

«Se asemeja a la creación de oro por los alquimistas medievales; es
como el santo grial de la energía.»

GYNG-SU LE.
Técnico surcoreano del Proyecto ITER.

¡Será mejor que funcione!

«¡Será mejor que funcione, después de este despilfarro!»,
estas fueron las palabras de un político de la Unión Europea
refiriéndose al Reactor Termonuclear Experimental Internacional (ITER), cuando se enteró del coste total previsto.

El ITER puede ser la única esperanza del futuro energético de la Tierra, o el fiasco más grande de la era moderna.
Entraremos en estas circunstancias más adelante. Sepamos
por ahora que, después del Proyecto Apolo, el ITER con un
presupuesto de 20.000 millones de dólares es la mayor aventura en la que la ciencia se ha embarcado. Tratará de imitar
la fusión que se produce en el interior del Sol. Es un proceso
cuántico como el que se produce en muchas estrellas. En el
Sol cuatro núcleos de hidrógeno (cuatro protones) se fusio-
nan para formar un núcleo de helio, menos masivo. Es esa
diferencia de masa que, cumpliendo la ecuación de Einstein,
$E = m\,c^2$, se convierte en energía.

La idea de los reactores termonucleares es generar den-
sidades y temperaturas lo bastante altas para que los gases
formados por los isótopos de hidrógeno (deuterio y tritio)
se conviertan en un plasma del núcleos y electrones donde
los núcleos resultantes se fusionarían para producir helio
y neutrones que liberarían energía. ¿Cómo conseguir un
recipiente que soporte las altas temperaturas de la fusión?

El Tokamak puede ser la solución, ya que sus complejos campos magnéticos confinan y comprimen el plasma en el interior de un recipiente. El plasma puede crearse por microondas, rayos de partículas neutras y otras posibilidades. Al circular el plasma por el Tokamak sin tocar sus paredes, estas pueden soportar la alta temperatura.

Las ventajas de un reactor así son múltiples, ya que precisa pequeñas cantidades de combustible; tampoco existen riesgos de basura radiactiva como en los reactores de fisión. Un reactor de este tipo podría generar 500 megas de potencia durante 500 segundos.

Ante la posibilidad de construir este tipo de reactor de fusión, varios países se decidieron emprender esta gran aventura científica. Se escogió como ubicación las 625 hectáreas del Centro de Estudios Nucleares de Cadarache, en Bouches-du-Rhône, Francia. Hay que destacar que existen experiencias anteriores mucho más modestas, como el JET en Inglaterra, que alberga 80 m^3 de plasma —el ITER albergará diez veces más—, y consiguió 16,2 megavatios en 1997. El ITER,

Secciones del reactor nuclear ITER, que tiene 30 metros de altura y 24 metros de diámetro.

con 30 metros de altura y 24 metros de diámetro, alcanzará una temperatura de 100.000.000 ºC, llegando a una potencia de 500 Mw.

◉

Los costes faraónicos del ITER

Para llevar a cabo un proyecto de esta magnitud ha sido necesario la participación de varios países que económicamente han contribuido con distintos porcentajes. Así la Unión Europea lo realiza con el 45,5% de contribución, y Estados Unidos, Japón, Rusia, China, India y Corea del Sur contribuyen con el 54,5 % restante a razón de un 9,1% cada uno. También se ha realizado un reparto de tareas en la construcción de las diferentes unidades del reactor.

La realidad es que si el proyecto se realiza y el reactor funciona puede significar el fin de la crisis energética. Por ahora el proyecto no avanza, en Cadarache sólo se ha realizado un agujero de 17 metros de profundidad que se ha rellenado, recientemente, con 110.000 metros cúbicos de hormigón y 493 columnas de acero y caucho para aislar las 400.000 toneladas del reactor de las vibraciones sísmicas. El inicio de la cons-

«Si el proyecto ITER sale bien, tendremos una fuente de energía ilimitada que cambiará todo nuestro mundo.»

Joaquín Sánchez
Físico de CIEMAT

trucción del reactor no tiene fecha fija, tanto puede ser en 2016 como en 2018, y la producción de energía está prevista para el 2026 si no hay retrasos. Lo más grave es que el presupuesto inicial de 10.000 millones de dólares se ha duplicado, y ahora se habla de 20.000 millones de dólares o más. Creo que nunca sabremos lo que costará esta obra faraónica.

Mientras, las dificultades aumentan debido a la complejidad de los problemas técnicos. Pero también hay tensiones entre los participantes en el proyecto más caro del mundo. Ya se han producido dimisiones, como la del japonés Kaname Ikeda, director general, que fue sustituido por otra japonés, Osamu Motojima, quién tiene dificultades de entendimiento con el equipo indio. Pero la realidad de los problemas radica en los altos costes del proyecto y las dificultades de cada país en contribuir puntualmente con su parte y cumplir sus compromisos, especialmente en unos momentos de la historia en que la crisis económica es palpable. También es patente el temor que otros trabajos de investigación sobre la energía, solar o eólica, sean sacrificados en detrimento de este costosísimo proyecto.

◉

De NIF a la «bigotlist»

Otra alternativa más modesta para obtener un reactor de fusión es la Instalación Nacional de Ignición (NIF), que se encuentra en el Laboratorio Nacional Lawrence Livermore de California, Estados Unidos. Aunque en este caso se trata de una instalación militar con más interés en realizar simulaciones de armas nucleares a través de micro explosiones nucleares controladas. El NIF quiere obtener una reacción sostenible y controlada de fusión nuclear que produzca energía, y lo pretende conseguir a través de láseres colocados en el interior de una cámara esférica de 10 metros de diámetro. Esta cámara pesa la friolera cantidad de 453.000 kilos, debido, en parte, a sus paredes de 50,8 centímetros de espesor que están recubiertas a su vez por un nuevo sarcófago de 1,8 metros de espesor.

El sistema de funcionamiento del NIF consiste en disparar los 192 láseres, sobre cápsulas de 1,8 milímetros de longitud que han sido enfriadas a temperaturas próximas al cero absoluto. Cada ráfaga de láser dura 20 nanosegundos y tiene una potencia de 500 billones de vatios. Las cápsulas contienen miligramos de átomos de deuterio y tritio, isótopos de hidrógeno. En este proceso el calor de los láseres da lugar a una ignición, fusión nuclear que producirá más energía que la inyectada.

Este reactor debe crear condiciones de temperatura y presión similares a la de las estrellas, y similares a las de las explosiones termonucleares (bombas de hidrógeno).

En los primeros experimentos del NIF, se ha alcanzado en los rayos 0,7 megajulios de energía. La temperatura de radiación en el interior de las cápsulas fue de 3,3 millones de grados Kelvin.

Los progresos del NIF son información «clasificada» y públicamente se sabe muy poco. Cuando uno trata de entrar en estos lugares y saber acerca de los resultados de sus investigaciones se encuentra que están «restringidos», su información es «no accesible» o «reservada». Se te advierte que no estás en la «bigotlist» (lista restringida de personas que tiene acceso a una clase de información altamente sensible), «no autorizado», «confidencial». etc. Son situaciones que no me han pasado sólo en el NIF, sino también en proyectos de la Agencia de Investigaciones de Proyectos Avanzados de Defensa (DARPA), o en la Oficina Nacional de Reconocimiento (ONR), adscrita al Departamento de Defensa. El silencio y hermetismo es mayor cuando preguntas sobre la financiación que la DARPA ha realizado en el proyecto HAARP, esas antenas gigantes que hacen experimentos geomagnéticos con las nubes y que, según un informador y confidente, fueron las responsables de la magnitud exagerada del huracán Katerina en Nueva Orleans.

※

19. ESPEJOS EN EL CIELO

«¿Qué veo? ¡Qué celestial imagen se ofrece en este espejo mágico!»

GOETHE (*Fausto*)

«Siempre que veía a un niño cerca de un espejo, le hacía una señal con el dedo y le decía con gran solemnidad: No te acerques mucho a esa abertura. ¿No te gustaría terminar en otro universo?»

KURT VONNEGUT (*Breakfast of Champion*)

El gran hermano nos vigila desde el cielo

Fue el fabricante de lentes Hans Lippershey el primero en construir un telescopio en 1608. Un año después, Galileo Galilei, construiría uno de tres aumentos y comenzaría a explorar el cielo. El astrónomo italiano llegaría construir un telescopio de hasta 30

aumentos que le permitiría realizar los primeros descubrimientos astronómicos de la época.

El telescopio nos ofreció una nueva imagen del Universo.
Primero fueron aquellos simples cilindros que contenían
lentes y nos ofrecían la posibilidad de ver más astros en el
cielo, ahora ya no nos conformamos con las imágenes nor-
males, queremos ver en infrarrojo y todo tipo de rayos que
surquen el cosmos. Estamos observando un Universo cuántico, con astros y objetos que se mueven dentro de un nuevo
paradigma y se relacionan, pese a sus inmensos tamaños,
con lo infinitamente pequeño. Para ello utilizamos grandes
y costosísimos espejos reflectores y sofisticados sistemas de
medición.

Es en la astronomía donde nacen las inquietudes más profundas del ser humano. Los nuevos telescopios representan
unos costes muy altos, especialmente aquellos que lanzamos
al espacio. Pero, al margen de los descubrimientos que nos
aportan, hay detrás toda una gran y compleja industria de
fabricación que da trabajo a miles de personas y técnicos
muy cualificados.

Antes de realizar un recorrido por los grandes telescopios
actuales y los futuros proyectos, quiero explicar algo que
muy pocos ciudadanos saben.

Un día del año pasado se presentó en la NASA un miembro de los servicios de inteligencia de Estados Unidos que
pertenecía a la Oficina Nacional de Reconocimiento (ONR),
organismo del Departamento de Defensa de Estados Unidos.
Quería hablar con los responsables del proyecto James Weeb,
telescopio cuyo lanzamiento en órbita se está retrasando os-
tensiblemente y encareciendo su coste final que ha pasado
de un presupuesto de 6.700 millones de dólares a 8.700. El
citado personaje ofreció a la Agencia espacial dos telescopios

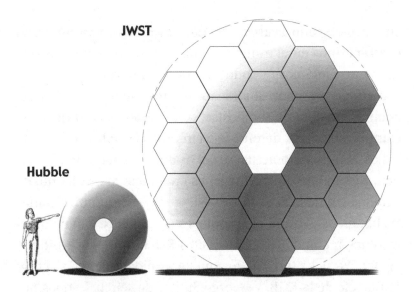

Comparativa entre el telescopio Hubble, hasta ahora la gran estrella de la astronomía norteamericana, y el nuevo telescopio James Weeb.

que no habían lanzado y que tenían almacenados. Se trataba de dos telescopios de los que van integrados en los satélites espías, tipo KH-11, espejos de más de 6 metros de diámetro destinados a espiar otros países. El Hubble, la gran estrella de la astronomía, sólo tiene un espejo de 2,4 metros de diámetro, y el futuro James Weeb contará con un espejo de 6,5 metros de diámetro. ¡Los servicios de inteligencia disponían de dos telescopios sin lanzar que eran más potentes que los instrumentos de observación que ahora tenemos en órbita!

Posteriormente los científicos de la NASA se enteraron que los servicios de inteligencia disponían de una quincena de estos satélites espías dotados de estos potentes telescopios. Estos telescopios enfocados hacia la Tierra pueden leer los números de la matrícula de un coche y fotografiar un objeto de varios centímetros, de día y de noche. Están dotados con visión infrarroja y otros sensores que permiten definir un almacén ubicado a varias docenas de metros de profundidad o submarinos en el fondo del mar, así como captar conversaciones telefónicas y todo tipo de comunicaciones. En resumen, no hay nada que escape a estos espías del cielo que, además, no tienen órbitas fijas, sino que son susceptibles de cambiar su órbita, detenerse o circunvolar un lugar.

Los hemos visto actuar en el asalto al refugio de Bin Laden, transmitiendo las imágenes en directo al presidente de Estados Unidos. Ni el futuro telescopio astronómico James Webb, que sustituirá al Hubble, es tan potente y tiene tanta resolución como estos 15 satélites KH-11 que nos orbitan y vigilan. Ya se ha terminado aquella rivalidad silenciosa entre Karla, jefe de la KGB, y George Smiley de «circus» en las novelas de John Le Carré. Hoy las máquinas superan a los románticos encuentros de los espías en el Chek Point de Berlín.

«Vivimos en la gran mentira.»

Christian Salmon
La máquina de fabricar historias y formatear las mentes

Estos satélites espías, de la era «orwellana del espacio», grandes hermanos que nos observan, pertenecen a la Oficina Nacional de Reconocimiento (ONR), organismo del Departamento de Defensa de Estados Unidos, y está oficina puede lanzar estos grandes telescopios mejores que los científicos porque tiene un presupuesto 37 veces superior al de la NASA. Un presupuesto que supera toda la investigación espacial y que tiene como finalidad espiar.

Destacaré sobre el presupuesto de la ONR, que el de la NASA para 2013 es de 17.700 millones de dólares, así que estamos hablando de un presupuesto 37 veces superior. Luego están los que hablan de despilfarro en la investigación científica cuando los presupuestos militares son multimillonarios.

¿Por qué la ONR regalaba dos de estos telescopios? Sencillamente por que al parecer estos instrumentos de gran resolución para vigilar a los ciudadanos de la Tierra ya se habían quedado obsoletos, de ahí que la ONR regale dos de estos satélites espías, que les sobran a la NASA, dos instrumentos más potentes que el Hubble. ¿Qué nuevos métodos de observación tendrán? ¿Qué instrumentos de gran resolución llevarán sus nuevos satélites? Tal vez esa tecnología se ha sustituido por «Drones» del tamaño de una libélula, con nanotecnología en cámaras de observación minúsculas que entran por todos los lugares y nos observan. El nuevo Gran hermano es minúsculo y revolotea alrededor nuestro como una pegajosa mosca observándonos y escuchándonos con sus miles de ojos y antenas.

◉

Un Universo sin restricciones

Los futuros telescopios ya no sólo tienen la misión de observar las imágenes que nos reflejan los planetas, estrellas y galaxias, sino han de captar las partículas que viajan por el espacio, ver la realidad en frecuencias infrarrojas y ultravioletas, detectar rayos gamma, las ondas gravitacionales y el fondo cósmico de microondas que nos permitirán observar cómo era el cosmos una fracción de segundo después de su origen.

Iniciaremos realizando un recorrido por los nuevos y futuros instrumentos que tenemos en la Tierra, un recorrido en el que no voy a cansar al lector con características técnicas que puede encontrar, sin dificultad, en Internet.

Entre estos grandes telescopios del futuro está el European Extremely Large Telescope (E-ELT), ubicado en Chile y con una fecha prevista de funcionamiento en el 2018. Su construcción representa un coste de 1.000 millones de euros. Dispondrá de un espejo de 42 metros de diámetro formado por varios segmentos hexagonales y su peso total será de 5.000 toneladas. El telescopio más grande en servicio actualmente es de 10 metros de diámetro.

El objetivo del E-ELT será la observación de galaxias lejanas y la atmósfera de los planetas extrasolares. Estará dotado de siete espectrógrafos y una cámara de luz infrarroja.

En la actualidad existen un gran número de telescopios de gran potencia que están explorando el espacio. Cada día aportan nuevos descubrimiento sobre galaxias lejanas, planetas extrasolares, agujeros negros y otros objetos. Entre ellos citaré el Very Large Telescope (VTL) de Paranal, en Chile, formado por cuatro telescopios de 8,2 metros de diámetro cada uno, que pueden operar independientemente o como uno solo. Otro telescopio es el Visible and Infrared Survey Telescope for Astronmy (VISTA) con un espejo de 4,1 metros de diámetro que opera en infrarrojo, y que ya ha catalogado 84 millones de estrellas de la Vía Láctea.

Debo citar, por sus grandes dimensiones, al Gran Telescopio de Canarias, de 10,4 metros de diámetro. Los Keck 1 y 2 de Estados Unidos, ambos de 9,8 metros de diámetro y el Southem African Large Telescope (SALT) de 9,5 metros de diámetro.

Esto es lo más importante que tenemos en tierra en cuanto a telescopios. Los sistemas de exploración estarían incompletos si no citara los radiotelescopios, entre los que están el

Atacama Large Millimeter Array (ALMA), en Chile, compuesto de 66 antenas, siendo una de sus misiones la búsqueda de exoplanetas. Y el recién inaugurado en Australia Square Kilometre Array (SKA), el radiotelescopio más potente y más grande del mundo, con más de 3.000 antenas de 15 metros de diámetro. Su misión es captar la energía oscura del Uni-

Interior del espectacular Gran Telescopio de Canarias, que se encuentra en el Observatorio del Roque de los Muchachos, en la isla de La Palma.

verso, cartografiar la distribución de hidrógeno e investigar sobre el magnetismo cósmico y la fuerza de la gravedad.

Indudablemente son los telescopios en el espacio los que causan más admiración y aportan importante información, como es el caso del caso del Observatorio Solar Heliosférico (SOHO) que ha suministrado importante información sobre el Sol, su atmósfera y las manchas de su ciclo solar. Para 2017 está previsto que ESA lance el Solar Orbiter que observará el Sol desde más cerca.

Hay que citar también los telescopios Hersche y Plank, lanzados en el 2009 que han aportado grandes descubrimientos, buscan la materia y energía oscura y exploran el Universo cuando tenía 380.000 años después del *big bang*.

Sin duda el telescopio más famoso es el Hubble, cuyos descubrimientos e imágenes del espacio han sido una gran contribución para la astronomía. Hubble será sustituido por James Webb, con un espejo de 6,5 metros de diámetro, que trabajará en infrarrojo y estará a 1,5 millones de kilómetros de la Tierra, situado en un punto de equilibrio denominado Langrage 2. Destacar que Hubble está a 560 kilómetros de distancia. Cuando escribo estas líneas el lanzamiento del James Webb, que estaba previsto para el 2015, parece que se retrasa hasta el 2018, ya que existen grandes problemas en su financiación que ha pasado de 6.700 millones de dólares a 8.700. El Hubble costó 6.000 millones de dólares incluyendo las misiones de mantenimiento, cuyo coste, cada una de ellas es de 1.500 millones de dólares.

Para este año 2013 están previstos los lanzamientos de dos telescopios más, más modestos y con un presupuesto estimado de 1.000 millones de euros.

Uno de ellos forma parte del Proyecto Gaia de la ESA con objetivo de censar mil millones de estrellas y detectar

15.000 exoplanetas. El otro es el WSO-UV que se situará a 35.800 kilómetros de altura con la misión de la observación ultravioleta, enriquecimiento químico del Universo, tasa de formación estelar; propiedades del medio intergaláctico, agujeros negros supermasivos y estrellas binarias, así como el estudio de las propiedades de la atmósfera de los planetas gigantes gaseosos.

◉

Curiosity, la nave más cara que ha visitado Marte

Una de las misiones más costosas de todas, al margen del proyecto Apolo, ha sido depositar el *Curiosity* en la superficie de Marte. Misión costosa y muy arriesgada. El *Curiosity* es la nave más cara que ha visitado Marte. Una misión que ha costado 2.600 millones de dólares. Cara, si la comparamos con otras misiones. El Viking, en los años setenta costó 1.000 millones de dólares; el Sojourner y su nave Pathfinder 265 millones de dólares, y el Spirit y Opportunity 800 millones de dólares. Se argumenta que *Curiosity* dio trabajo a 7.000 personas en 31 estados de Estados Unidos, y que su coste es una cifra ínfima frente a los 22.000 millones de dólares que cuesta un portaviones tipo Nimitz sin contar las aeronaves y el mantenimiento. En realidad el coste de un portaviones supera al presupuesto de la NASA para este año, que asciende a 17.700 millones de dólares.

¿Por qué hemos realizado este gran esfuerzo en depositar en Marte al *Curiosity?* Principalmente era un momento oportuno técnicamente hablando. Marte tiene una órbita que lo aproxima a nosotros y lo aleja. Estas oscilaciones van desde 55 millones de kilómetros, en oposición a la Tierra, a 400 millones de kilómetros. Ahora el planeta rojo se encontraba relativamente cerca, una posición que tardará mucho tiempo en repetirse. Su situación ha permitido un viaje más corto y, en consecuencia, menos riesgos y gasto de combustible.

Marte se popularizó en la imaginación de todos a través de las observaciones de Percival Lowell (1855-1916) que creyó ver «canales» en su superficie, lo que se interpretó como obras de ingeniería de los marcianos. También llevó a Orson Wells a realizar un programa radiofónico que simulaba una invasión de marcianos a la Tierra, una emisión tan real que sembró el pánico entre los ciudadanos de Estados Unidos.

Marte ha servido de inspiración a muchos escritores de ciencia-ficción, pero nadie realizó un relato tan profundo como el fallecido Ray Bradbury en sus *Crónicas Marcianas,* con sus agonizantes y frágiles marcianos entre las brumas de sus consumadas ciudades.

Del terror radiofónico de Orson Wells hasta la profundidad de Ray Bradbury, Marte ha servido de inspiración a muchos autores de ciencia-ficción.

Marte es el planeta más parecido a la Tierra. Cuando veo sus desiertos me da la impresión que estoy contemplando las mesetas del Sahara, incluso sus cañones tienen cierto parecido a las montañas basálticas de Tassili.

La nave *Curiosity* recogerá datos concretos sobre su atmósfera, su temperatura y analizará qué condiciones tendrán que soportar los futuros astronautas que pisen este planeta. También conoceremos la intensidad de sus tormentas de arena y la cantidad de agua disponible. Por ahora sabemos que su débil atmósfera es insuficiente para nosotros, que la radiación en la superficie es peligrosa, y que la temperatura oscila entre un mínimo de -133° C y un máximo de 27° C.

También sabemos que es un mundo geológicamente monstruoso con el que no podemos competir. Tiene cañones (Vallis Marineris) de 4.000 kilómetros de largo y profundidades que oscilan entre 2 y 7 kilómetros. Un cráter (Hellas Planitia) de 2.000 kilómetros de diámetro. O un monte-volcán (Olimpo) de 24 kilómetros de altura y 500 de diámetro. Tres veces el monte Everest. Por otra parte los futuros astronautas disfrutaran de la visión de dos lunas: Fobos y Deimos, de 11 y 6 kilómetros de diámetros respectivamente.

No ha sido fácil llegar a Marte y aterrizar sin ningún problema. *Viking 1* y *Viking 2,* se posaron en 1976; *Mars Observer* desapareció en 1993 tres días antes de llegar al planeta rojo. *Mars Polar Lander* se perdió por un fallo del software; *Mars Climate Orbiter* se estrelló por un fallo en el cálculo de las distancias, se dieron erróneamente en dos sistemas métricos distintos; Rusia lanzó 17 sondas sin éxito; *Mars Oddisey* llegó en 2001 y detectó agua en los polos; *Mars Express* de la AEU llegó en 2003 pero el robot que transportaba, el *Beagle-2,* se estrelló en la superficie; en el 2004 aterrizó el *Opportunity,* posteriormente el *Spirit* que se quedó atascado en las arenas de Marte; en 2006 la *Mars Reconnaisance Orbiter* entró en órbita; finalmente hay que destacar que los japoneses lanzaron la sonda *Nazomí* que se acercó a 1.000 kilómetros y terminó perdiéndose en el sistema solar.

La exploración de Marte tiene como objetivo conocer este planeta para poder enviar seres humanos y establecer en él una colonia permanente. No son proyectos de ciencia-ficción, las colonias marcianas están impulsadas por Elon Musk, director de Space X. El envío de colonos tendría un coste de 500.000 dólares por viaje. Habría que enviar máquinas para fertilizar, producir metano y oxígeno a partir de nitrógeno y dióxido de carbono. Todo ello haría crecer plantas. Se trata de un proyecto cuyo coste total ascendería a 36.000 millones de dólares.

⚛

20. LA MÁS PODEROSA HERRAMIENTA: INTERNET

«Información es poder. Información secreta es poder secreto.
Un arma formidable.»

TIM WEINER (Premio Pulitzer)

«(…) las nuevas generaciones no creerán en Dios, porque no podrán encontrarlo en Google.»

JORDI SOLER, *La fiesta del Oso*

Un mundo cuántico con todos conectados

Ni el LHC, ni los descubrimientos de los grandes telescopios, ni la aventura del *Curiosity* en Marte, han tenido una repercusión tan grande en la sociedad humana como Internet, tampoco han movido tantos recursos económicos. La Red está cambiando nuestra forma de trabajar, pensar, actuar, comunicarnos y vivir. Las nuevas tecnologías son la informática y la computación, y muy pronto los ordenadores cuánticos. Es un nuevo mundo en el que hemos entrado inesperadamente y que ha cambiado nuestra sociedad. Un mundo del que desconocemos las consecuencias sociales qué comportará, los cambios en la vida, la familia, el mundo laboral, la política mundial y la economía. Algo que sabemos seguro es que es irreversible.

Derrick de Kerckhove, es profesor del Departamento Francés de la Universidad de Toronto e investigador de la Universitat Oberta de Catalunya, y cree que los cambios que se están produciendo en Internet son rápidos, exponenciales y nos llevan hacia una cultura global, donde todas nuestras relaciones se están transformando en digitales. En realidad no sabemos a dónde vamos y cómo repercutirá este invento

Los niños actuales nacen con los teléfonos móviles, los ordenadores, los videojuegos, iPod, iPad e Internet.

en la mente y el comportamiento humano. Este profesor cree que precisamos un orden moral global. Para él, en la «primavera árabe» tuvo mucha importancia Twitter, más que Facebook, ya que los acontecimientos dramáticos, ante la amenaza de cortar y censurar Internet, se pueden *retuitear* y dar la vuelta al mundo.

Sobre lo que cambiarán las nuevas tecnologías, destaca que los niños ya piensan en términos hipertextuales. Pueden ir de aquí allá sin seguir un orden lineal. Quiero añadir que forman parte de una generación distinta y que sus estructuras mentales tienen otras prioridades y otras formas de ver la vida. Nosotros, los adultos de más de cincuenta años, nacimos con el teléfono normal unido a cables, la televisión en blanco y negro, los electrodomésticos, máquinas de escribir eléctricas y otra serie de innovaciones a las que nos tuvimos que adaptar. Los niños actuales nacen con los teléfonos móviles, los ordenadores, los videojuegos, iPod, iPad e Internet. Están siempre conectados y su conducta social es diferente. Viven un mundo digital que a muchos adultos les cuesta adaptarse y comprender. Existen millones de seres humanos que jamás se adaptarán a estas nuevas tecnologías que se han convertido en una asignatura imposible de superar.

Cada vez estaremos más conectados y el futuro consolidará esta conexión con chips subcutáneos o lentillas oculares que con un solo parpadeo nos abrirán las páginas de Internet sin necesidad de pantallas. Estaremos conectados al entorno cercano y lejano.

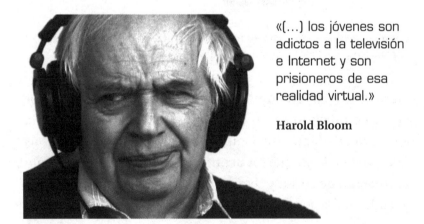

«(...) los jóvenes son adictos a la televisión e Internet y son prisioneros de esa realidad virtual.»

Harold Bloom

Para Kerckhove estamos entrando en un mundo cuántico donde el futuro será el hombre conectado. Hasta ahora hemos sido digitales, pero seremos cuánticos. Lo más probable es la industrialización cuántica. Lo digital es lineal, son ceros y unos. Las funciones cuánticas tienen que ver con lo que entendemos como intuición femenina. La interfaz será más exhaustiva, completa.

Kerckhove se pregunta si existe un límite en la evolución de los ordenadores, ya que considera que el ser humano no tiene límites. Cree que Internet es una extensión de la conciencia, y la capacidad de recuperar la información la tenemos en Wikipedia. Ya no necesitamos memorizar listas de reyes godos, tablas periódicas de elementos, integrales inmediatas, fórmulas químicas o poesías. Todo ello lo tenemos pulsando una tecla en nuestro iPad que podemos transportar en el bolsillo.

Pronto conectaremos nuestro sistema nervioso con el entorno, algo que ya está sucediendo. Algo que en la Universidad de la Singularidad del MIT está llevando a cabo Kurzweil. Entraremos en este tema más adelante.

◉

¿Es Internet un arma peligrosa?

Fue un arma peligrosa indudablemente para los dictadores caídos de la revolución árabe, lo es para algunos que aún están en activo. También es peligrosa la red para los regímenes totalitarios, lo es para los fundamentalistas y para todos aquellos que creen que el conocimiento y la información son peligrosos porque puede cambiar una situación que es cómoda y ventajosa para ellos.

En la pasada reunión de diciembre de la Conferencia de la Unión Internacional de Telecomunicaciones (UIT) en

Dubai, Vinton Cerf, uno de los padres de Internet, denunció que se quería imponer una revisión de las estructuras de las telecomunicaciones con el fin de cambiar la arquitectura de la Red con el fin de controlarla, algo que hasta ahora no sucede.

Vinton Cerf advirtió que los miembros de la UIT eran políticos de los gobiernos, y que no representaban a los técnicos, especialistas, ingenieros en informática y telecomunicaciones y empresas que han impulsado a Internet, que sólo representaban sus intereses políticos, económicos y de poder. También advirtió del peligro que los miembros de la UIT encareciesen el acceso a Internet, hecho que afectaría a los países más pobres que, ahora, se desarrollan y se culturizan gracias a la Red.

Por otra parte, Rusia tenía la intención de proponer un sistema de «protección a los usuarios» que no era más que un sistema de censura, un control para eliminar según qué tipo de informaciones o mensajes. La realidad es que ya existe una lista de países donde YouTube está prohibido o se mantiene con restricciones, igual que con Blogger. El gobierno de Egipto bloqueó Internet el 28 de enero de 2011. Desconectó a los abonados para evitar las conexiones y convocatorias de opositores, así como la transmisión de imágenes de la actuación del ejército y la policía.

La realidad es que la reunión se llevó a cabo a puerta cerrada y poco se sabe de las decisiones que los políticos tomaron, ya que no trascendieron a los medios informativos.

Internet es peligroso para aquellos que quieren amordazar la libertad de información, para aquellos que están en contra de la difusión del conocimiento, para aquellos que prefieren que los pueblos del mundo estén aislados porque así son más fáciles de manejar y manipular. La información

Al utilizar la Red dejamos un rastro inconfundible de quienes somos, cuáles son nuestros gustos y preferencias, qué información nos interesa.

es conocimiento, pero también es poder... aquí y en las entrañas del Universo.

◉

El lado oscuro de Internet y las ciberguerras

Internet tiene su lado oscuro. Al utilizar la Red dejamos un rastro inconfundible de quienes somos, cuáles son nuestros gustos y preferencias, qué información nos interesa... toda una serie de datos que pueden ser utilizados para bombardearnos con publicidad y para utilizarnos.

Sepamos algo acerca de *Data mining* una búsqueda de información que en informática utiliza algoritmos y métodos estadísticos para identificar los patrones que existen en las bases de datos, patrones con los que se tomará decisiones. El *Data mining* selecciona la publicidad que vemos en Internet y el usuario que la va a recibir, ya que posee el perfil (gustos hábitos, sexo, edad, etc.) de este último.

Esta tecnología que se usa en el mercado de la publicidad, también se utiliza en política como una herramienta indispensable. Fue una de las armas electorales que Obama manejó gracias a sus genios en el uso de Internet, antiguos *hackers* y otros expertos en informática que sólo tienen como ideología su trabajo, y que tienen una gran capacidad en convertir información masiva y desordenada en conocimiento. Son técnicos buscadísimos por las grandes empresas, pero también por las agencias de seguridad nacional que rastrean la vida de millones de personas en el mundo, para conocer tendencias, ideologías, partidismos y también aspectos privados de las costumbres de los más famosos. En Estados Unidos son una parte de los empleados de las 16 agencias de seguridad que engloban más de 200.000 personas y tienen un presupuesto equivalente al 7% de PIB español.

No todos son procesos comerciales, políticos y *Data mining*. Hoy se está librando una ciberguerra con ataques contra sistemas informáticos de la industria petrolera saudí e instituciones financieras norteamericanas por parte, presuntamente, de Irán. Antes Israel y Estados Unidos piratearon los programas informáticos nucleares de Irán, y Bush utilizó el virus Stuxnet contra estas instalaciones.

Últimamente han sido atacados por el virus más maligno jamás imaginado, algo más peligroso que un troyano, que se llama Flame.

Flame es un conjunto de programas que realiza tareas de espionaje y sabotaje: graba conversaciones, controla remotamente los ordenadores, se adueña de los teléfonos móviles próximos a través de un sofisticado Bluetooth, se actualiza, copia y emite datos a distancia, es indetectable. Puede afectar a redes eléctricas, industrias energéticas, centrales nucleares, tráfico aéreo, redes financieras y bancarias. El virus más peligroso que existe y que fue descubierto por Eugene Kaspersky.

En Estados Unidos existen 7.000 ciberguerreros en la base de Texas y Georgia, y la United State Cyber Command (Uscybercom) que dirige en Maryland las unidades ciberespaciales de las Fuerzas Aéreas. Obama utiliza el *Data mining* en su campaña, pero también ha desarrollado la ciberguerra, el ciberespionaje y el cibersabotaje. Es, conjuntamente con los aviones drones y los insectos nanotecnológicos la nueva forma de hacer la guerra en el siglo XXI.

La Red es beneficiosa pero también tiene sus partes vulnerables. Por la Red circulan las cuentas bancarias y las operaciones financieras, así como e-mails confidenciales y diplomáticos. El suministro de agua, gas, electricidad y comunicaciones dependen de la Red y su seguridad, ya que un virus

Internet es sin duda beneficiosa, pero también tiene sus partes vulnerables.

malicioso podría dejar sin suministro a un país entero. Esta vulnerabilidad ha obligado a crear centros de ciberseguridad. En España se creó el año pasado el Centro Nacional de Excelencia de Ciberseguridad, concedido por la Comisión Europea al Instituto de Ciencias Forenses y de la Seguridad (ICFS) y la empresa CFLabs, todo ello respaldado por el Centro Nacional de Inteligencia (CNI). Sólo existen dos centros de ciberseguridad así en Europa, en Montpellier y en Dublín.

En España sólo funcionaba el Centro de Criptológico Nacional, que dependía del CNI.

Es evidente que todo esto es un cambio de mentalidad en la vida y la sociedad, un cambio que se está produciendo a unas velocidades exponenciales. Los cambios no son ya de una década para otra, sino de un día para otro. Abrimos los periódicos y leemos que aquel sofisticados móvil o tableta que nos habíamos comprado la semana pasad, ya ha sido superado por un artilugio nuevo más potente y versátil. Estamos en la era cuántica y eso representa también un pensamiento cuántico.

21. ORDENADORES CADA VEZ MÁS POTENTES Y COMPUTACIÓN CUÁNTICA

«(…) los ordenadores actuales no están hechos para computar la mecánica cuántica.»

IGNACIO CIRAC (Premio Wolf 2013)

Ordenadores cuánticos, la quimera del oro

Fue Richard Feynman uno de los primeros científicos en considerar la necesidad de construir ordenadores cuánticos utilizando las extrañas leyes de la mecánica cuántica. Se evidenciaba que los cálculos que un ordenador convencional requerían un tiempo infinito, en un ordenador cuántico podrían realizarse con gran rapidez.

Hasta el momento nuestros ordenadores convencionales manejan ceros y unos, de forma que cualquier cifra puede

Fue Richard Phillips Feynman (físico estadounidense considerado uno de los más importantes de su país en el siglo xx) uno de los primeros científicos en considerar la necesidad de construir ordenadores cuánticos utilizando las extrañas leyes de la mecánica cuántica.

ser expresada en ese sistema binario y combinando series de ceros y unos el ordenado calcula y produce sus resultados. El futuro ordenador cuántico se serviría de qubits, que son cero y unos a la vez.

Estos ordenadores cuánticos se basarían en que una partícula elemental, como un electrón, tiene dos estados que denominamos *spin up* y *spin down*, según la leyes cuánticas pueden estar a la vez en *up* y *down*, es decir, en superposición. Si imaginamos el *spin up* como cero y el *spin down* como uno, también se tiene la superposición que es el *spin* parcialmente *up* y parcialmente *down*, algo así como parcialmente cero y parcialmente uno. Eso daría una potencia increíble al ordenador cuántico. Si jugase al ajedrez, el ordenador cuántico podría considerar más de una posición a la vez, y ganaría con más rapidez.

Esta superposición de estado cuántico permite que un ordenador acceda a todas las combinaciones de qubits simultáneamente. Para darnos una idea de sus posibilidades de cálculo, un sistema con 1.000 qubits comprobaría $2^{1.000}$

soluciones potenciales en segundos, algo imposible en el más potente ordenador convencional de la actualidad.

Ocurre que construir un ordenador cuántico no es algo sencillo, es una idea que entraña muchas dificultades. A pesar de ello ya se está trabajando desde hace tiempo en esta posibilidad. Un ordenador cuántico requiere un entorno determinado, ya que cualquier interacción o impureza podría alterar o interrumpir su funcionamiento. Y no sólo estamos hablando del montaje, que debe realizarse en lugares tan esterilizados como un quirófano. Su complejidad de construcción es tan grande que Brian Clegg lo comparó a montar un puzzle en la oscuridad con las manos atadas detrás de la espalda.

El desarrollo de un ordenador cuántico es algo que no tardará en conseguirse, son muchas las universidades, instituciones y laboratorios que están trabajando para lograr la máquina pensadora y calculadora más rápida del mundo. Su puesta en marcha facilitará cálculos que requieren años en sólo segundos, podrá estudiar moléculas químicas que facilitarán el desarrollo de nuevos fármacos, y un sinfín de posibilidades que no nos podemos imaginar.

◉

El Top One de las computadoras y la computación biológica

Mientras no desarrollemos los ordenadores cuánticos tendremos que seguir utilizando los convencionales, máquinas que ha experimentado grandes progresos en los últimos años.

Cada año se procede a calificar, como TOP ONE, la computadora más potente del mundo. En 2012 este galardón lo obtuvo la Sequoia de IBM. La herramienta, teóricamente, más potente en computación del mundo. Y he dicho teóricamente porque se desconoce si los servicios de inteligencia de Estados Unidos o Rusia tienen, en secreto, una computadora más potente. No nos vaya ocurrir como con los telescopios que creíamos que el más grande lo tenía la NASA y luego resultó que la Oficina Nacional de Reconocimiento (ONR), organismo del Departamento de Defensa de Estados Unidos, disponía de 15 satélites espía KH-11 con telescopios más potentes. Por otra parte me aseguran ingenieros informáticos que existen computadoras más potentes y que no lo sabemos.

«Quizá sea sintético, pero no soy estúpido.»

Androide Bishop
en *Alien*

Oficialmente la computadora más potente del mundo es la Sequoia de IBM y está en el Laboratorio Nacional de Livermore en California. Sequoia, como he dicho, quedó la Top 1 en 2012, la Top 2 se adjudicó a KComputer de Fujitsu en Kobe, Japón. El Top 10 lo representan tres computadoras en Estados Unidos, dos en China, dos en Alemania, una en Japón (la Top 2), otra en Italia y otra en Francia. España está en el puesto 176 con Mare Nostrum en Barcelona. En el Top 378 esta Altamira en Cantabria de 79,87 teraflops (Un tera = 10^{12})

Sequoia es capaz de realizar 16.320 billones de operaciones por segundo (16,21 petaflops; un peta es 10^{15} = 1.000 billones), y utiliza 1,5 millones de procesadores. ¿Cuál es su utilidad concreta? Puede ser utilizada para realizar muchas funciones, como la simulación de explosiones nucleares que eviten contaminar la atmósfera o el subsuelo. Para la cosmología también puede utilizarse en la simulación del *big bang* y expansión del Universo; así como ayudar en sus cálculos y análisis a los aceleradores de partículas, aunque estos tienen sus propios ordenadores, pero la generación de información es muy superior a su capacidad. En medicina y biología facilita los plegamientos tridimensionales de proteínas, combinaciones de moléculas químicas para generar nuevos medicamentos. También tiene aplicaciones en aeronáutica y muy especialmente en los cálculos de trayectorias y órbitas.

Uno de los aspectos que puede revolucionar la capacidad de almacenamiento de datos en las computadoras consiste en el reciente descubrimiento de un nuevo tipo de magnetismo. Hasta ahora conocíamos el ferromagnetismo, el típico que actúa sobre la brújula. Luego estaba el antiferromagnetimo, en el que los campos magnéticos de los iones de un metal se anulan entre sí. Este tipo de magnetismo es la base de los cabezales de lectura en los discos duros. Pero recientemente se ha descubierto un tercer tipo de magnetismo donde las orientaciones magnéticas fluctúan, lo que permitiría un mayor almacenamiento de datos.

Las disciplinas se interconectan y trabajan conjuntamente en proyectos cada vez más complejos y asombrosos, y ese es el caso de las computadoras biológicas.

En la computadora biológica se trata de imitar estructuras bacterianas que puedan cumplir al papel de cables o de discos duros. Ordenadores biológicos. Se han encontrado

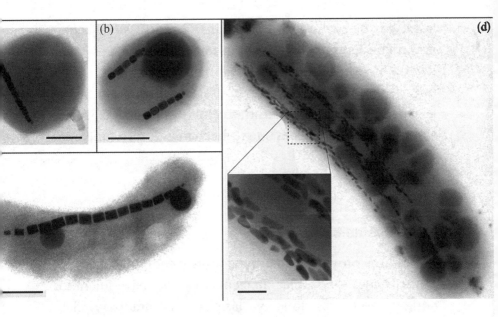

La bacteria *Magnetospitillium magneticum* se come el hierro y sus proteínas interiores crean cristales de magnetita, dando lugar a una superficie imantada similar a la de los discos duros de los ordenadores.

bacterias con propiedades magnéticas que se presentan como una alternativa microscópica a los discos duros actuales. Los japoneses de la Universidad de Agricultura y Tecnología de Tokio trabajan con la bacteria *Magnetospitillium magneticum*, que habita en ambientes carentes de oxígeno. Estos microbios se comen el hierro y sus proteínas interiores crean cristales de magnetita, dando lugar a una superficie imantada similar a la de los discos duros de los ordenadores. Se ha empleado otra proteína para desarrollar minicables eléctricos a través de nanotubos formados por lípidos. Se trata de producir componentes hasta ahora elaborados en forma industrial a través de otros procesos, reproduciendo las estructuras de los microorganismos.

En resumen, la computación biológica consiste en contar con un sistema programable vivo (una comunidad de células) capaz de captar distintas señales (moléculas) y ejecutar las órdenes aprendidas. La computación biológica es capaz de combinar células modificadas para que la respuesta de unas sean los estímulos de otras, creando un circuito. Según la revista *Nature* (2011) con tres células es posible construir computadoras biológicas que realicen más de cien funciones distintas.

Proyectos de ciencia-ficción

Los futuros proyectos de ordenadores y computación parecen extraídos de novelas de ciencia-ficción. Ni siquiera los antiguos escritores, aquellos clásicos como Bradbury, Clark o Asimov, llegaron a tanto.

Si a alguien de mediados del siglo pasado le hablasen de cerebros de silicio, le parecería que le estaban explicando un relato de ciencia-ficción. Pues bien, el cerebro de silicio existe y se llama *Spaun*.

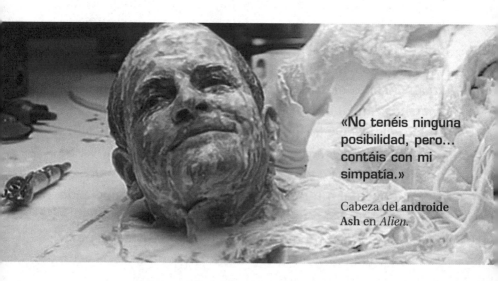

«No tenéis ninguna posibilidad, pero... contáis con mi simpatía.»

Cabeza del **androide** Ash en *Alien*.

Spaun cuenta con dos millones y medio de neuronas, es Inteligencia Artificial (I.A), resuelve test de inteligencia y responde preguntas para medir el Coeficiente de Inteligencia (CI) de los humanos. *Spaun* se comunica escribiendo en un papel a través de un brazo robótico de última generación. Lo hace escribiendo cifras. Este ingenio ha sido creado por Chris Eliasmith del Centro de Neurociencia Teórica de la Universidad de Waterloo en Ontario.

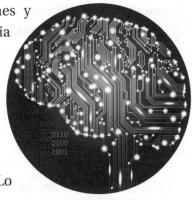

Para construir un cerebro hay que comprender las computaciones que lleva a cabo cada área del cerebro, y cómo estos cálculos se pueden modelar con redes neuronales.

Para construir un cerebro hay que comprender las computaciones que lleva a cabo cada área del cerebro, y cómo estos cálculos se pueden modelar con redes neuronales. En *Spaum* las redes neuronales no están hechas de de neuronas biológicas, sino de su equivalente en silicio. Estas redes reciben muchos *inputs* y los integran para generar un solo *output*.

Con *Spaum* se pretende imitar el cerebro humano y resolver muchas de sus enfermedades neurológicas, como el alzhéimer y el Parkinson.

Con el mismo trabajo se coordina desde Suiza la construcción de un cerebro humano usando supercomputadoras. El objetivo, igual que *Spaum*, es comprender las enfermedades neurológicas como el Alzheimer y el Parkinson. Se trata de un proyecto en el que colaboran científicos de toda Europa que suministran información para este simulador en 3D de la imagen del cerebro. Un proyecto que está financiado por la Unión Europea. Otro proyecto estrella para este año es Brain Activity Map, que dirige el neurocientífico de la Universidad de Columbia en New York, Rafael Yuste. Se trata de un proyecto multidisciplinario en el que trabajan neurólogos, neurobiólogos, físicos e ingenieros informáticos. El objetivo de este proyecto es descubrir cómo funcionan las neuronas y mapear la actividad eléctrica del cerebro.

�֍

22. INTELIGENCIA ARTIFICIAL E INTERFACES

«Dios es una invención del cerebro, si yo fuera capaz de construir un robot con un cerebro tan complejo como el mío, probablemente ese robot creería en Dios.»

IDAN SERGEV (Neurólogo de la Universidad Hebrea de Jerusalén)

«Muy probablemente, el robot pensaría que su constructor es Dios.»

PASKO RAKIC, de la Universidad de Yale, contestando a Sergev.

¿Somos una simulación como Matrix?

La Inteligencia Artificial (A.I), aquella a la que podemos dotar a los robots y ordenadores, es para algunos científicos algo que se nos puede escapar de las manos, como el *Yo robot* de Asimov o el ordenador Haal de Arthur C. Clark en *2001 Una odisea del espacio*. La preocupación por las consecuencias de una IA incontrolada es tan grande que el astrónomo Martin Rees, conjuntamente con el filósofo Huw-Price y el cofundador de Skype, Jaan Tallinn, han creado el Proyecto Cambridge de Riesgo Existencial. Este proyecto tiene como finalidad concienciar sobre los peligros de los avances en IA

La Inteligencia Artificial es para algunos científicos y escritores algo que se nos puede escapar de las manos, como relata Isaac Asimov en su novela *Yo, robot.*

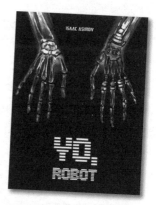

y su impacto en la civilización. Especialmente advierte de los peligros en el desarrollo de la biotecnología, vida artificial y nanotecnología. Por este motivo se ha establecido en la Universidad de Cambridge un centro de investigación multidisciplinario dedicado al estudio y control de estos riesgos. También se preguntan si no vivimos ya dentro de una realidad informática, un especie de *Matrix.*

Ya hemos desarrollado ordenadores con la capacidad de simular comportamientos vivos por medio de *software,* y algún día podemos crear seres racionales que habiten espacios simulados. Si, gracias a la IA y a los ordenadores cuánticos somos capaces de simular la propia realidad, también es posible que seres más avanzados lo estén haciendo con nosotros. Es una reflexión que pone los pelos de punta, pero la verdad es que no tenemos ninguna manera de saber si es cierta o sólo una conjetura.

De la misma manera que nosotros queremos construir cerebros artificiales para conocer las enfermedades neurológicas, otros seres con computadoras de potencias inimaginables crean universos y mundos simulados para preveer acontecimientos no controlados en su macrouniverso.

Recuerdo que Frederic Brown ganó el Premio Hugo al mejor relato de ciencia-ficción con un cuento breve de una página escasa. En él relataba cómo una civilización avanzada e intergaláctica, había unido todos los ordenadores de su galaxia, los políticos se disponían a inaugurar la instalación y ponían en marcha un inmenso panel de muchos kilómetros de largo. Entonces, como acto inaugural hacían la primera pregunta al gran ordenador, y le inquerían, sencillamente, si existía Dios. El ordenador encendía y apagaba las luces de su panel de mando y contestaba con su voz fría y metálica: «Sí, ahora si existe Dios».

◉

Inteligencia Artificial

Uno de los objetivos más inmediatos de la IA es el reconocimiento del habla y la traducción instantánea de idiomas. Se trata de una tecnología conocida como aprendizaje profundo que trabaja en el reconocimiento del habla. El aprendizaje profundo también se conoce como redes neuronales artificiales. En la Universidad de New York, en los laboratorios de Bell, se ha conseguido el reconocimiento de la escritura manual. También se han desarrollado programas que ayudan a encontrar moléculas que pueden conducir a nuevos

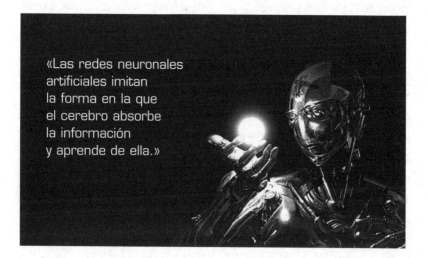

«Las redes neuronales artificiales imitan la forma en la que el cerebro absorbe la información y aprende de ella.»

fármacos. Los programas de aprendizaje profundo determinan qué moléculas tienen más posibilidades de convertirse en un agente farmacológico eficaz.

Digamos que las redes neuronales artificiales imitan la forma en la que el cerebro absorbe la información y aprende de ella. Las redes neuronales artificiales están compuestas por un conjunto de componentes informáticos. Estos conjuntos se enseñan mediante la exposición repetida al reconocimiento de patrones (imágenes, sonidos).

Un ejemplo de sus posibilidades y logros conseguidos los tenemos cuando el año pasado, Richard F. Rashid de Microsoft, hizo traducir a caracteres chinos una conferencia que dio en inglés. Fue un acontecimiento asombroso aunque existieron algunos fallos de palabras incorrectas, una cada siete u ocho.

Dentro de este campo tenemos a Raymond Kurzweil que a finales del año pasado se asoció a Google para trabajar en proyectos referentes al aprendizaje automático y al procesamiento del lenguaje.

Indudablemente todos conocemos a Google, una empresa que está a la vanguardia del desarrollo. Para los que posiblemente desconocen quién es Raymond Kurzweil y la Singularidad, podrán encontrar en mi penúltimo libro, *La ciencia de lo imposible*, información al respecto de Kurzweil y la era de la Singularidad, una fecha próxima en que las computadoras alcanzarán el nivel de la inteligencia humana y la sobrepasarán. La neurocirugía se unirá a la computación para implantar chips en nuestro cerebro, será la era de la interacción cerebro-ordenador. Algo que está muy próximo, según Kurzweil, que está al corriente del nivel de las investigaciones en la Universidad de la Singularidad, dentro de cinco o diez años.

«No estamos aquí porque seamos libres; si estamos aquí es porque no lo somos.»

Agente Smith a Neo en *Matrix*

La era de la Singularidad y la universidad del mismo nombre son dos ideas de Raymond Kurzweil, quién cree que, gracias a ciertos avances, se vencerá a la muerte. Pronosticó que los nanobots podrían reparar células enfermas o tumores, y ya lo están haciendo como veremos más adelante.

Kurzweil ha anunciado que vivimos un crecimiento exponencial y, en diez años, todos los ordenadores serán más potentes que en la actualidad, en veinte años serán un millón de veces más potentes, luego se doblará su potencia cada año.

Raymond Kurzweil es un referente mundial en el campo de la tecnología y la I.A., fundador de la Universidad de la Singularidad en Silicon Valley, y ahora socio de la poderosa multinacional Google.

Kurzweil es un genio que ya creó hace años una máquina de lectura para ciegos, utilizada por Stevie Wonder; ha ganado varios premios en el MIT, y sus ideas y proyectos combinan genética, inteligencia artificial y nanotecnología. Ahora, con el gigante Google a su lado, tenemos una combinación explosiva de la ciencia del futuro.

El año pasado finalizó con un gran progreso de la IA y la informática. Un gran avance en la medicina en su objetivo de paliar las discapacidades motrices en los parapléjicos y tetrapléjicos. Este avance es una muestra revelante de la interacción entre diferentes disciplinas de la ciencia, ya que intervinieron médicos (especialmente neurólogos y neuroci-

Raymond Kurzweil es un referente mundial en el campo de la tecnología y la I.A., fundador de la Universidad de la Singularidad en Silicon Valley

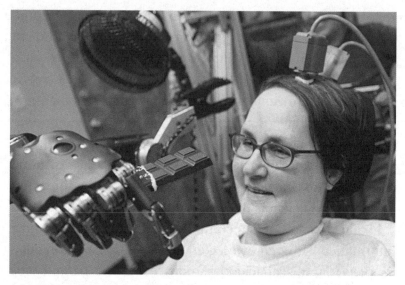

A Jan Scheuermann se le colocaron dos sensores, de 4x4 milímetros, implantados en la corteza motora del cerebro. Los sensores contenían dispositivos y microelectrodos que recogían la actividad cerebral, reproduciendo los movimientos que ella deseaba realizar y enviándolos al procesador que movía el brazo.

rujanos), ingenieros en robótica y microelectrónica y, especialmente informáticos.

Todos esos investigadores de la Universidad de Pittsburgh participaron en la creación de un brazo robótico manejado con la mente. Un brazo que permitió a la tetrapléjica Jan Scheuermann manejarlo con el pensamiento y alimentarse.

Es uno de los más espectaculares interfaces conseguidos hasta el momento. Hasta ahora sólo hemos visto cyborgs en películas como *El hombre de los seis millones de dólares*, ahora hablamos de realidad.

A Jan Scheuermann se le colocaron dos sensores, de 4x4 milímetros, implantados en la corteza motora del cerebro. Los sensores contenían dispositivos y microelectrodos que recogían la actividad cerebral, reproduciendo los movimientos que ella deseaba realizar, de forma que captaban los impulsos eléctricos neuronales y los enviaban al procesador.

Este avance se ha desarrollado a través de un algoritmo informático que permite imitar la forma en la que un cerebro sano controla los movimientos de los brazos.

Sin duda han sido los informáticos los que han resuelto los problemas más complejos, ya que lo más complicado consistía en traducir las señales y trasladarlas al brazo mecánico. Para ello se utilizó un programa informático desarrollado (modelo de algoritmos) que ha sido el responsable de este avance. Sepamos que en computación, un algoritmo es un conjunto de instrucciones, bien definidas, ordenadas e infinitas, que permiten realizar una actividad. Ha sido un triunfo de neurocirujanos especialistas en robótica, e informáticos.

Interfaces cerebro-ordenador

Se han realizado experimentos con roedores, simios y seres humanos que han demostrado que es posible establecer una conexión directa entre ordenador y cerebro. Son interfaces cerebro-ordenador, construidos a partir de una conexión bi-direccional, que permiten a los que padecen enfermedades neurológicas recuperarse.

Nuevamente la realidad parece superar a la ciencia-ficción donde películas como *Avatar* nos presentan un futuro que posiblemente no está tan lejano.

La pregunta es: ¿podemos llegar a ser como los avatares de la película de ciencia-ficción? Algunos científicos del mundo de la IA creen que sí. Mientras dormimos, gracias a las interfaces cerebro-ordenador, se permitirá al ser humano vivir por medio de trasuntos suyos: avatares que merodearan en otros mundos. Robots controlados mediante ondas cerebrales en unas interfaces cerebro-ordenador. Esto significará liberar a la mente de los límites del cuerpo.

Grupos como Walk Again Proyect ha demostrado la viabilidad de conectar tejido encefálico vivo a una variedad de instrumentos para poder implantar la primera interfaz cerebro-ordenador. Esto podría ayudar a personas con problemas de movilidad o parálisis.

«Te recompondrán... ellos lo arreglan todo.»

De la película *RoboCop*

Se trataría, en el caso de los discapacitados, de poder valerse de una interfaz cerebro-ordenador para controlar los movimientos de un exoesqueleto diseñado especialmente para todo el cuerpo humano. Se implantarían neurochips con el fin de procesar las pautas eléctricas del cerebro y convertirlas en señales para manejar los exoesqueletos.

Vemos como señales procedentes del cerebro, ondas cerebrales, ya permiten controlar ordenadores y otras máquinas. Interfaces cerebro-ordenador pueden permitir a las víctimas de enfermedades neurológicas recuperar sus capacidades.

Otra posibilidad es el control de todo tipo de ordenadores

mediante las señales eléctricas del cerebro. Las personas podrían llevar diminutos ordenadores personales en sus cuerpos que permitirán establecer relaciones sociales digitalizadas. Esto originaría un gran cambio en la vida social actual. Intel, Google y Microsoft ya han creado sus propias divisiones de investigación de interfaces cerebro-ordenador.

Todos estos avances nos llevan a los cyborg. Como he explicado, ya se han realizado conexiones entre cerebro y máquina. Se han realizado vía entrada al córtex auditivo (implantes cocleares) y al córtex visual (electrodos en la retina). Por ahora sistemas para paliar las discapacidades motrices en los parapléjicos y tetrapléjicos.

Me sorprendieron una serie de experimentos en los que a dos individuos se les colocó un chip en el cerebro y, tras un entrenamiento para su utilización, podían comunicarse entre ellos, en señales primarias, señales que advertían peligro, error en el recorrido o pocos mensajes de pocas palabras. Me pregunté quién subvencionaba esta investigación y descubrí que el Departamento de Defensa de EE.UU. ¿Imaginan un pelotón de hombres conectados por chips, sin interferencias en sus radios o inhibidores? Solamente conectados por ondas cerebrales.

◉

Nanotecnología cuántica y cyborg

La nanotecnología es el futuro, un futuro inmediato, especialmente en medicina donde se construirán nanobots y nanorobots de dimensiones nanométricas.

La nanotecnología es un término propuesto por Norio Taniguchi en 1974, pero no fue hasta 1991 cuando se construyeron los primeros nanotubos de carbono. En un metro ca-

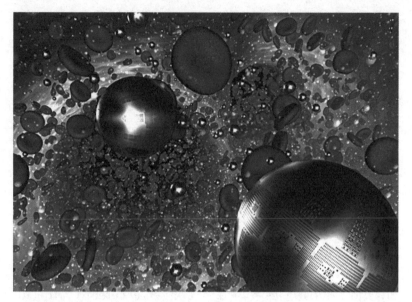

El *respirocito*, un nanobot que transporta oxígeno por los vasos sanguíneos, igual que los glóbulos rojos, mide una milésima parte de un milímetro y transporta un nanoordenador y un nanosensor.

ben mil millones de nanómetros. Nano (10^{-9}=0,000000001) es una escala menor que un micrómetro, estamos hablando de una escala a nivel de átomos y moléculas. Un átomo es la quinta parte de esa medida, cinco átomos colocados en hilera sería un nanómetro. ¡Una escala cuántica!

Los nanobots son nanorobots que pueden inyectarse en el cuerpo humano y beneficiar a su portador, o curarle tumores. Ya se han creado nanobots, por ejemplo el *respirocito*, un nanobot que transporta oxígeno por los vasos sanguíneos, igual que los glóbulos rojos, mide una milésima parte de un milímetro y transporta un nanoordenador y nanosensor. Libera 236 veces más oxígeno que los glóbulos rojos, lo que permite a quien le ha sido inyectado no tener que respirar durante 12 minutos y correr a máxima velocidad, o bucear sin tomar aire durante dos horas y media.

Los controles de dopaje de los deportistas requerirán ser especialistas en nanotecnología.

Otros nanobots son los *microvíboros* y los *plaquetocitos*, los primeros devoran virus y bacterias, los segundos cicatrizan plaquetas mediante redes de carbono. Hay docenas de aplicaciones en medicina, especialmente nanobots que atacan y destruyen tumores.

Se estudia implantar en un futuro nanobots que interactuarán con las neuronas aumentando la memoria, la inteligencia y la percepción.

Podremos crear cyborgs indestructibles e inmortales, lo que también origina sus peligros militares. Un nanobot puede destruir toda una red de computadores, es el nanociberterrorismo.

Hoy se inyectan en el torrente sanguíneo burbujas de gas, rodeadas por celdas de lípidos. Estas burbujas se guían mediante ultrasonidos hacia la barrera hematoencefálica abriendo paso. Una vez superada la barrera hematoencefálica se inyecta en el paciente nanopartículas recubiertas por medicamentos y dotadas de carga magnética; seguidamente con rayos de resonancia magnética se guían al lugar necesario con el fin de tratar un tumor o el alzhéimer.

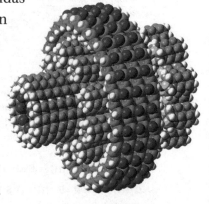

La nanotecnología es ya la gran revolución tecnológica de este siglo.

Estás nanopartículas pueden moverse entre genes, proteínas, virus y células. La nanotecnología es ya la gran revolución tecnológica de este siglo. A través de la nanotecnología se podrán fabricar nanopartículas o nanofilamentos (nanotubos) que, con los componentes adecuados, servirán para curar muchas enfermedades e, incluso, modificar las cadenas de ADN.

◉

Coleópteros cyborg

¿Hasta dónde ha llegado el desarrollo de cyborgs? En la actualidad ya se están desarrollando robots voladores en miniatura. Uno de los proyectos de estos robots es el empleo de insectos reales provistos de implantes electrónicos en el sistema nervioso, de forma que se puede dirigir su vuelo por control remoto. Los insectos tienen la ventaja que no consumen tanta energía como los artificiales y resuelven el problema de las baterías en miniatura que sólo garantizan unos minutos de autonomía.

Al escarabajo gigante *Mecynorrhina torquata* se le han implantado sistemas electrónicos y un equipo de radio, dispositivos que permiten controlar a distancia su vuelo.

Uno de los insectos es el escarabajo gigante *Mecynorrhina torquata,* a quien se le ha implantado sistemas electrónicos y un equipo de radio, dispositivos que permiten controlar a distancia su vuelo. Puede llevar sistemas de escucha y una videocámara. Lo importante es el control a distancia del vuelo. Esto ya se ha conseguido gobernando sus giros y velocidad, así como detenerlo en un lugar determinado.

Los coleópteros soportan cargas de entre 30 y 30 por ciento su peso. Un sistema de control parecido a los coches o aviones de juguete que envía órdenes por radio al equipo implantado en el insecto. Por lo general se implantan seis electrodos cerca de los lóbulos ópticos izquierdo y derecho, en el cerebro, en el tórax y en los músculos basalares de vuelo derecho e izquierdo. Llevan una placa base con un circuito impreso que distribuye los impulsos eléctricos hacia el lugar adecuado para que el insecto remonte el vuelo, vuele y se detenga. La placa lleva un batería y una antena.

Estos cyborgs pueden penetrar por túneles en los que no cabe un ser humano, en lugares inaccesibles y también en habitaciones o salas permitiendo observar lo que ocurre dentro o lo que se habla. Es idóneo para el espionaje, para la lucha antiterrorista, de ahí su interés en este campo por el Ejército de Estados Unidos.

Todos estos descubrimientos nos llevarán a una vida muy distinta y a unas relaciones sociales diferentes. ¿Cómo reaccionarán las generaciones venideras? Sin duda nos llevará a una especie humana distinta en sus valores y su forma de vida. Nadie se encontrará solo, sus más íntimos pensamientos podrán ser compartidos con otros millones de per-

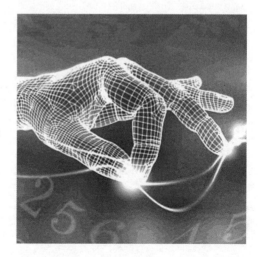

«Todos estos descubrimientos nos llevarán a una especie humana distinta en sus valores y su forma de vida.»

sonas. Compartir experiencias, angustias, pasiones, ideas y deseos será algo habitual de un sistema social sin prejuicios emocionales. Tal vez nos parezca una pérdida de intimidad pero ¿no es una pérdida de intimidad la comunicación existente en la actualidad entre los usuarios de Twitter?

La realidad es que la gente quiere comunicarse, mostrarse como es y como piensa y esto es algo que, en las generaciones futuras será común y habitual. La gente necesita hablar y no estar sola, eso es algo que ya acaece en nuestra sociedad actual. En el futuro nadie se encontrará solo. Es algo como cuando se descubrió el teléfono y las personas vieron que podían comunicarse con otras sólo marcando un número, fue algo que cambio nuestra forma de vivir y que, más adelante se perfeccionó con los teléfonos móviles permitiendo la comunicación desde cualquier lugar.

Quinta parte
UN FUTURO IMPREVISIBLE

«"¿Cuánto es para siempre?", preguntó Alicia.
"A veces, solo un segundo", respondió el conejo blanco.»

Lewis Carroll, *Alicia en el País de las Maravillas*

23. INMORTALIDAD CUÁNTICA

«La idea de que puede haber muchos universos con muchas copias de ti es impactante.»

BRIAN GREENE, *La realidad oculta*

¿Habrá una resurrección cuántica?

Somos partículas cuánticas que están conectadas con todas las partes de Universo por efecto del entrelazamiento. Somos energía y nuestras partículas van cargadas de información, una información que hemos heredado de las estrellas y otra información que hemos acumulado a lo largo de nuestras vidas. Sabemos que la energía ni se crea ni se destruye, sólo se transforma; por otra parte también hemos visto como las últimas teorías aseguran que la información tampoco puede destruirse, ni siquiera en un agujero negro. A este respecto el astrónomo Stuart Clark destaca que los cerebros son procesadores de información. El entrelazamiento crea una comunicación entre nuestras partículas con otras del Universo, una comunicación que todavía no

«(...) cada uno de los átomos de nuestro cerebro y nuestro organismo está vinculado a cada uno de los átomos de cualquier lugar.»

Fred Alan Wolf
Físico cuántico

captamos en nuestros jóvenes cerebros; como dice el físico Alan Wolf: «(…) cada uno de los átomos de nuestro cerebro y nuestro organismo está vinculado a cada uno de los átomos de cualquier lugar». Si nada de eso se destruye, ¿a dónde va a parar todo cuando nuestros cuerpos mueren o, como dice Eduard Punset, cuando nuestras moléculas se descohesionan?

El físico Max Tegmark buscó el concepto de inmortalidad en una interpretación de la mecánica cuántica. Y sostiene que cada vez que el Universo o el mundo se enfrentan a una decisión en el nivel cuántico, sigue todos los caminos posibles y se divide en múltiples universos. Lo que significa que hay un mundo indefinido de futuros.

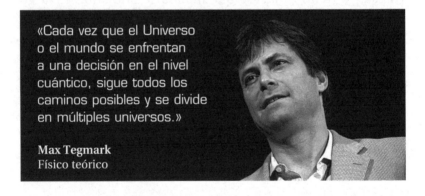

«Cada vez que el Universo o el mundo se enfrentan a una decisión en el nivel cuántico, sigue todos los caminos posibles y se divide en múltiples universos.»

Max Tegmark
Físico teórico

Hawking cree que existen un número infinito de universos autocontenidos, e incluso postula la posibilidad de pasar de uno a otro. Y Leonard Susskind explica que «se ha abandonado la pretensión de explicar nuestro Universo como si fuera el único mundo posible desde un punto de vista matemático. Hoy, el multiverso es lo único que nos queda».

Para los defensores de la inmortalidad cuántica, la teoría del multiverso refuerza su creencia que podríamos vivir virtualmente toda la eternidad. Morimos, tal vez por accidente, en un universo pero sobrevivimos en otros. Y en otro no morimos porque se ha descubierto cómo prolongar la vida indefinidamente.

Cada vez que tomamos una decisión se produce una bifurcación. Cuando morimos en un universo en otro hay una versión de nosotros que sigue vivo.

¿Ciencia ficción? La existencia de los universos paralelos es apoyada por la mayor parte de los físicos cuánticos y cosmólogos. Si el Universo es infinito todo es posible, todo lo que tiene que ocurrir ocurrirá, porque hay tiempo para todo. Según la física Katherine Freese, si disponemos de un tiempo infinito, incluso nosotros podríamos reaparecer, es posible una resurrección cuántica.

◉

Prolongar la vida en la Tierra

Las teorías de los universos paralelos y la resurrección cuántica son interesantes, aceptables pero indemostrables, y mientras tanto los investigadores buscan fórmulas aquí en la Tierra para prolongar la vida. Buscan la inmortalidad, y esto lo realizan en todas las disciplinas de la ciencia. Biólogos, genetistas y médicos trabajando en laboratorios farmacéuticos y de biotecnología en busca de productos que prolonguen la vida.

Uno de los caminos son las células madre que pueden sustituir muchos órganos de nuestro cuerpo cuando envejezcan o se estropeen. Las inyecciones de células madre que permiten regenerar tejidos neuronales en el cerebro y en el tejido cardiaco. Es la medicina regenerativa que parece no tener limitaciones.

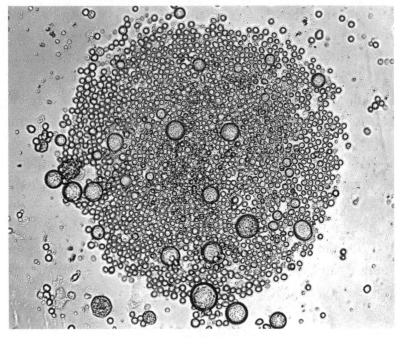

Uno de los caminos en los estudios biológicos para prolongar la vida son las células madre, que pueden sustituir muchos órganos de nuestro cuerpo cuando envejezcan o se estropeen.

Podemos cultivar órganos como ojos, algo que ya se hace en el Centro Riken de Biología y Desarrollo en Kobe, Japón. Igual que cultivamos ojos en un futuro se podrá hacer lo mismo con otros órganos.

Craig Venter trabaja en la actualidad en intentar sintetizar una célula viva con el fin de patentar formas de vida. El Instituto Venter está diseñando un programa capaz de reproducir los procesos biológicos de un ser vivo, una bacteria unicelular. Se hace ayudar por 128 ordenadores que tardan 10 horas en simular una división celular, la más simple de las operaciones.

Las investigaciones con telómeros, filamentos de ADN que protegen y estabilizan los cromosomas, parece ser otro camino. Así como el llamado gen de Matusalén que ha conseguido hacer vivir a una mosca un 35% más de tiempo.

◉

Unas consecuencias impredecibles

¿Con qué problemas sociales nos encontraremos si descubrimos una tecnología capaz de prolongar la vida indefinidamente? ¿Quién tendrá derecho a este nuevo descubrimiento?

Posiblemente no consistirá en una simple píldora, tal vez requerirá un tratamiento más complejo. En cualquier caso lo más lógico es que sus descubridores lo mantengan en secreto y sean ellos los primeros beneficiarios. Pero algo así no se puede guardar en secreto y el país que lo consiga tendrá un instrumento poderoso para «doblar» a otros dignatarios o políticos ofreciéndoles su descubrimiento a cambio de algo. Si el país descubridor es pequeño hasta incluso puede ser invadido por otros países, lo que nos da una idea

«Cada mes anuncian descubrimientos contra algún tipo de cáncer, incluso se habla de avances para alcanzar la inmortalidad.»

Slavoj Zizek
Filósofo esloveno

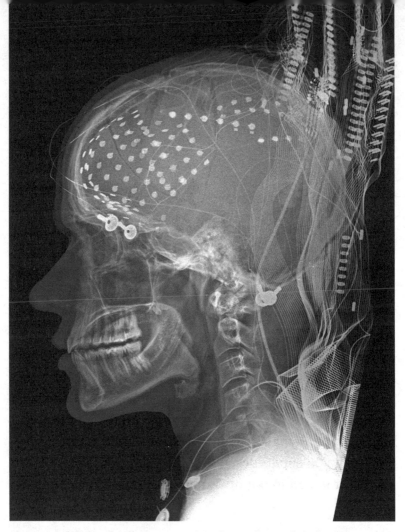

La inmortalidad podría llegar por un interfaz cerebro-ordenador. Un procedimiento que permita almacenar nuestro yo en un disco duro de silicio cuando nuestro cuerpo se extinga.

del valor tan grande del descubrimiento. La longevidad de la vida se cotiza más que un yacimiento de minas de oro, un campo de pozos de petróleo o la más sutil energía.

Es evidente que los que primero tendrían acceso a tan destacado descubrimiento serían los más poderosos: políticos, multimillonarios, militares, científicos. Es posible que se cree una comisión ética para decidir qué personas tienen acceso a la prolongación de la vida o inmortalidad.

Las peticiones clamarían desde todas las partes del mundo, desde aristócratas hasta cardenales del Vaticano. No nos escandalicemos pero ante una posibilidad así no hay creencias que valgan. ¿Y el resto de la sociedad? ¿Y los pobres del tercer mundo? Lo veo inviable para esta población, por lo que también veo rebeliones y asaltos con el fin de hacerse con la panacea de la inmortalidad.

También puede ocurrir, como anuncia Raymond Kurzweil que la inmortalidad llegue por un interfaz cerebro-ordenador. Un procedimiento que permita almacenar nuestro yo en un disco duro de silicio cuando nuestro cuerpo se extinga. No se trata de un simple almacenamiento, sino de trasladar nuestra esencia entera, nuestro yo, que seguiría pensando y comportándose como un ser verdadero pero «flotando» en el interior de una máquina. Un símil parecido al de aquellas novelas de ciencia-ficción en las que los cerebros se conservan en «peceras» que permiten conexiones con el exterior. Cerebros confinados pero vivos.

En cualquier caso, estos procesos también estarían limitados a unos pocos y nuevamente tenemos a la mayor parte de nuestra civilización fuera de esa posibilidad. Todo pare-

«(…) uno de los grandes avances en la comprensión del envejecimiento ha sido el hallazgo de que, en realidad, no existe ningún programa para morir.»

Tom Kirkwood
Gerontólogo

ce indicar que, lamentablemente, siempre habrá pobres y ricos en el mundo. Los segundos con acceso a tecnologías que les permitirán vivir más tiempo.

Cualquier progreso que afecte y transforme al ser humano va a tener unas consecuencias imprevisibles. El aumento de musculatura, una mayor inteligencia a través de un desarrollo neuronal, o cualquier otra facultad, nos llevarán a una nueva sociedad en el que habrá diferentes tipos de seres, una especie de replicantes como los de *Blade Runner* y patéticos ciudadanos mortales y enfermizos.

24. UN NUEVO MUNDO EN RECONSTRUCCIÓN

«—¿Por qué tienes tanto interés en contactar con los alienígenas?— pregunta uno de los personajes a la doctora.
—Para conocer a mi creador... si ellos nos han hecho, seguramente pueden salvarme, ¡a mi, por lo menos!— contesta la doctora.
—Salvarte, ¿de qué? —pregunta el personaje incrédulo.
—De la muerte, por supuesto— concluye la doctora».

Del film *Prometeus*

Cabalgando sobre el tsunami cuántico

El futuro se avecina de forma tempestuosa. ¿Alguien cree que los gobiernos controlan los nuevos adelantos que se están fraguando en los laboratorios de todo el mundo? Ya no se trata de centros institucionales, sino de pequeños laboratorios incontrolados con las mismas posibilidades que

El genetista nuclear George Church ha anunciado su intención de crear un ser neandertal en su laboratorio de Harvard. El experto en biología sintética dice disponer de la tecnología necesaria para resucitar a la especie humana que desapareció hace 30.000 años.

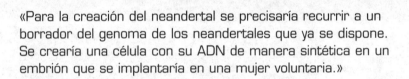

«Para la creación del neandertal se precisaría recurrir a un borrador del genoma de los neandertales que ya se dispone. Se crearía una célula con su ADN de manera sintética en un embrión que se implantaría en una mujer voluntaria.»

los grandes laboratorios de descubrir lo increíble. Un ejemplo de este hecho lo tenemos en una reciente noticia que se produce cuando estoy casi terminando las páginas de este libro. El genetista nuclear George Church ha anunciado su intención de crear un ser neandertal en su laboratorio de Harvard, donde ya lo tiene todo preparado para realizar esta clonación.

Church busca una mujer que preste su vientre en alquiler para el experimento. Para la creación del neandertal se precisaría recurrir a un borrador del genoma de los neandertales que ya se dispone. Se crearía una célula con su ADN de manera sintética en un embrión que se implantaría

en una mujer voluntaria. El ser que nacería sería un neandertal como los que desaparecieron hace 28.000 años. Este
experimento lo puede realizar, si no se han realizado ya, un
pequeño laboratorio. No se precisa una gran instalación
estatal. El objetivo es estudiar a este ser, ver sus características, saber por qué desaparecieron... y porque no crear
más si son más resistentes que nosotros en ciertas tareas.
¿No es esto el principio de los primeros «replicantes» como
Nexus-6 en Blade Runner?

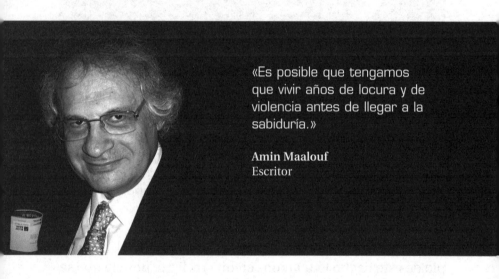

«Es posible que tengamos
que vivir años de locura y de
violencia antes de llegar a la
sabiduría.»

Amin Maalouf
Escritor

Los acontecimientos y los nuevos descubrimientos nos
sorprenden cada día al leer las noticias o ver la televisión.
Es como estar viendo una obra de teatro y, al levantarse el
telón en la segunda parte, darse cuenta que el escenario es
distinto y la función ha cambiado radicalmente. A todo este
cambio de espectáculo tenemos que añadir todo lo que no
vemos y no sabemos, lo que se nos oculta... para no alar-
marnos o para que no nos rebelemos por uso indebido del
dinero público. Las consecuencias de determinados acontecimientos pueden ser tumultuosas en el contexto social.

Lo he explicado en otros libros, pero el sólo hecho de contactar con un civilización extraterrestre puede desencadenar terribles enfrentamientos sociales y tormentas morales. Puede ser una civilización con otras creencias diferentes a las nuestras o sin ningún tipo de creencias. Esto nos llevaría a replantearnos nuevamente nuestra historia religiosa y el origen de nuestras creencias.

Estamos cabalgando en un tsunami que nos transporta a un lugar que desconocemos, a un mundo distinto del que

«Tenemos más poder que nunca sobre la naturaleza, pero nunca hemos estado más expuestos a catástrofes ecológicas.»

Slavoj Zizek
Filósofo esloveno

venimos. Necesitamos pararnos y reflexionar, establecer una ética que impida que terminemos en un «aquí vale todo». Con ello no quiero decir imponer restricciones a la investigación o la ciencia, un comportamiento que sería regresar a las restricciones en el pensamiento y la amenaza de las Inquisición.

Hemos creado las democracias para combatir las dictaduras y las teocracias pero sigue existiendo las desigualdades, las corrupciones, las injusticias. El poder sigue ostentándose no por los mejores, sino, en muchos casos por los económicamente más poderosos. En países como Estados Unidos difícilmente se llega a senador, congresista o presidente si no se tiene una gran fortuna detrás. En Europa está acaeciendo lo mismo. No son los mejores los que nos gobiernan, sino los más ricos. No son los mejor preparados los que están en los sillones institucionales, sino los más hábiles políticamente. Y sin embargo precisamos más que nunca del asesoramiento de los científicos, los filósofos, los pensadores, los técnicos. Precisamos regresar al «Consejo de sabios», aquel Consejo de inspiración griega en el que estaban representadas las mejores mentes del país.

Un mundo cuántico precisa un pensamiento cuántico, una visión distinta de la que hasta ahora nos gobierna. No podemos enfrentarnos a un futuro inesperado cabalgando en un paradigma de siglos atrás.

Agujero negro: Se produce como resultado del hundimiento de la materia creándose un campo de gravedad muy intenso, igual que un espacio curvo del que la materia ni la luz pueden escapar.

Antipartícula: Partícula elemental constitutiva de antimateria. Su carga eléctrica es de signo opuesto. Al entrar en contacto partículas y antipartículas se aniquilan convirtiéndose en energía. Por ejemplo la antipartícula del electrón es el positrón, del protón es el antiprotón.

Año-luz: Distancia recorrida por la luz en un año. Teniendo en cuenta que la velocidad de la luz es de 300.000 kilómetro por segundo, la distancia será de 9,46 billones de kilómetros.

Barión: Partícula elemental, como el protón y el neutrón, que sufre la influencia de la fuerza nuclear fuerte.

Big bang: Teoría que mantiene que el Universo comenzó su existencia con una enorme explosión que se produjo en un punto de singularidad hace entre 12 y 20 mil millones de años. La expansión del Universo es causa de esta explosión. El tiempo y la materia se crearon al mismo tiempo.

Cuerda cósmica: Filamento en el espacio del Universo, de 10^{-28} centímetros. Algunos astrónomos piensan que son el origen de estructuras filamentosas trazadas por las galaxias.

Cuerdas, teoría: La Teoría Cuerdas propone que las partículas de las que está hecho todo el Universo, en lugar de ser objetos puntuales, son objetos alargados, literalmente cuerdas que sólo serían observables a altísimas temperaturas o a niveles altísimos de energía como las condiciones del *big bang*.

Densidad crítica: Densidad de la materia que produciría un Universo plano sin curvatura. Un Universo con una densidad superior a la crítica, tendría una curvatura positiva y se hundiría sobre sí mismo. Un Universo con una densidad inferior a la crítica, tendría una curvatura negativa y se expandiría eternamente.

Deuterio: Este elemento químico apareció durante los tres primeros minutos del Universo, su núcleo está formado por un protón y un neutrón.

Electrón: Es la más ligera de las partículas elementales con carga eléctrica negativa.

Elementos primordiales: Elementos que se crearon con el *big bang* durante los tres primeros minutos del Universo, como el hidrógeno, el helio, deuterio y litio.

Entrelazamiento: Contacto entre dos partículas aunque estén separadas por grandes distancias. Es un efecto demostrable por el experimento EPR.

Entropía: La entropía define el estado de desorden de un sistema.

Espacios multidimensionales: Teoría que predice la existencia de nuevos espacios o universos, con más dimensiones que las cuatro en que vivimos nosotros.

Exoplanetas: Planetas que orbitan en torno a otras estrellas. Existen errantes que carecen de estrella en la que orbitar.

Fotón: Partícula elemental de la radiación que carece de masa y se desplaza a la velocidad de la luz.

Fuerza electrodébil: Fuerza resultante de la unión de la fuerza electromagnética con la fuerza nuclear débil.

Fuerza electromagnética: Fuerza que sólo actúa sobre la partículas cargadas haciendo que las de carga opuesta se atraigan y las de carga igual se repelan.

Fuerza electronuclear: Es el resultante de la unión de la fuerza electromagnética con dos fuerzas nucleares fuerte y débil.

Fuerza gravitatoria: Fuerza que actúa sobre cualquier masa, es la más débil de todas las fuerzas pero de mayor alcance.

Fuerza nuclear débil: Es la responsable de la desintegración de los átomos y la productora de radioactividad.

Fuerza nuclear fuerte: Es la más fuerte conocida en la naturaleza, une a los quarks para formar protones y neutrones. No actúa sobre los fotones y los electrones.

Galaxia: Conjunto de estrellas, gas y polvo de formas diversas que giran en torno a un centro.

Galaxias satélites: Pequeñas galaxias que orbitan junto a una más grande.

Hadrón: Partícula que sufre la influencia de la interacción fuerte, son uniones de varios quarks. Un barión es un hadrón.

Helio: Elemento con un núcleo compuesto por dos protones y dos neutrones, pero también existe con un núcleo compuesto de dos protones y un neutrón.

Hidrógeno: El más ligero de todos los elementos químicos, está formado por un protón y un electrón.

Inflación: Periodo inicial del Universo en el que se dilató de modo exponencial y se triplicó de tamaño.

Isotropía: Propiedad del Universo de ser similar a sí mismo en todas las direcciones.

ITER: Reactor Termonuclear Experimental Internacional, destinado a producir energía mediante la fusión.

LHC: Large Hadrón Collider. Acelerador de partículas construido en Europa.

Leptón: Partícula elemental sobre la cual la fuerza nuclear fuerte no tiene influencia.

Mecánica cuántica: Teoría física que nació a principio del siglo XX. Según esta teoría, la materia y la luz pueden ser a la vez onda y partícula, y sólo pueden ser descritas en términos de probabilidades.

Neutrino: Partícula neutra sujeta a la fuerza nuclear débil, y cuando posee masa, a la fuerza gravitatoria.

Neutrón: Partícula neutra constituida por tres quarks.

NIF: Instalación Nacional de Ignición para producir energía mediante la fusión.

Núcleo atómico: Conjunto de protones y neutrones unidos por la fuerza nuclear fuerte. El núcleo es 100.000 veces más pequeño que el átomo.

Paradigma: Thomas Kuhn definió el paradigma como un estado de pensamiento en el que los presupuestos compartidos y las categorías mismas, explícitas o implícitas de un campo de la ciencia son iguales. Un nuevo paradigma es aceptar unos nuevos límites de la investigación y nuevas teorías.

Partícula elemental: Componente fundamental de la materia y la radiación.

Positrón: Antipartícula del electrón.

Principio antrópico: Principio que cree que el Universo

se ha ajustado de un modo sumamente preciso para la emergencia de la vida y la conciencia.

Principio cosmológico: Principio que cree que el Universo es igual a sí mismo en todas partes (homógeno) y en todas las direcciones (isótropo).

Principio de incertidumbre: Anunciado por W. Heisenberg, destaca que la velocidad y posición de una partícula no pueden ser calculadas simultáneamente.

Protón: Partícula de carga positiva compuesta de tres quarks, es componente, junto al neutrón de los núcleos atómicos.

Psicología Transpersonal: Parte de la psicología que se centra en los Estados Modificados de Consciencia.

Quark: Partícula elemental componente del protón y el electrón con carga eléctrica fraccional y que está sometido a la fuerza nuclear fuerte.

Túneles de gusano: Teoría que cree posible en nuestro Universo la existencia de «túneles» que nos permitirían desplazarnos de un sitio a otro del Universo con una mayor rapidez que la luz.

Universos paralelos: La teoría de los universos paralelos mantiene que el Universo se desdobla cada vez que se produce una elección o que se abre una alternativa.

Universo estacionario: Teoría que mantiene que el Universo es en todo tiempo, en todo lugar, y en toda dirección, igual a sí mismo. En este Universo existe una creación continua de materia.

Universo abierto: Universo cuya densidad de materia es superior a la densidad crítica y cuya expansión es eterna.

Universo cerrado: Universo cuya densidad de materia es superior a la crítica y que se hundirá, en un futuro, sobre sí mismo.

Universo cíclico: Universo que tiene dilataciones y con-
tracciones de una forma eterna.

Universos, otros: Teoría que predice la existencia de otros
universos, fuera de nuestro Universo, con constantes
iguales o diferentes al nuestro.

Vacío cuántico: Un espacio lleno de partículas y antipartículas virtuales que aparecen y desaparecen en ciclos de
muy corta duración.

Vía Láctea: Nuestra galaxia.

BIBLIOGRAFÍA

Arntz, W. Chasse, B. y Vicent, M. *¿¡Y tú qué sabes!?* Editorial Palmyra, 2006, Madrid.

Bayés, R. *Aprender a investigar y aprender a cuidar*, Plataforma Ediciones, 2012, Barcelona.

Blaschke, Jorge. *Más allá de lo que tú sabes*, Ediciones Robinbook, 2008, Barcelona.

Blaschke, Jorge. *Somos energía.* Ediciones Robinbook, 2009, Barcelona.

Blaschke, Jorge. *Más allá del poder de la mente*, Ediciones Robinbook, 2011, Barcelona.

Blaschke, Jorge. *La ciencia de lo imposible*, Ma Non Troppo, 2012, Barcelona.

Blaschke, Jorge. *Los gatos sueñan con física cuántica y los perros con universos paralelos*, Ma Non Troppo, 2012, Barcelona.

Bohm, David. *Sobre la creatividad*, Kairós, 2002, Barcelona.

Brockman, John. *Los próximos cincuenta años*, Editorial Kairós, 2004, Barcelona.

Brockman, John y varios autores. *El nuevo humanismo y las fronteras de la ciencia»*, Editorial Kairós, 2007, Barcelona.

Capra, Fritjof. *Sabiduría insólita*, Editorial Kairós, 1990, Barcelona.

Capra. Fritjof y Steindl Sagan, *Pertenecer al Universo*, Edaf, 1994, Barcelona.

Capra, Fritjof. *Las conexiones ocultas*, Anagrama, 2002, Barcelona.

Carr, Nicholas. *¿Qué está haciendo Internet con nuestras mentes?* Editorial Taurus, 2011, Madrid.

Chown, Marcus. *El Universo vecino*. Los libros de la Liebre de Marzo, 2005, Barcelona.

Comte-Sponville, André. *El alma del ateismo*. Paidos, 2006, Barcelona.

Dawkins, Richard. *El espejismo de Dios*, Espasa Calpe, 2007, Madrid.

Dispenza, Joe. *Desarrolla tu cerebro*, La Esfera de los Libros, 2008, Madrid.

Fergunson, Kitty. *Stephen Hawking, Su vida y su obra*, Crítica, 2012, *Barcelona*.

Fernandez-Rañada, Antonio. *Los científicos y Dios, Editorial Trotta*, 2008, Madrid.

Frank, Adam. *El fin del principio*, Ariel, 2012, Barcelona.

Greene, Brian. *La realidad oculta*, Crítica, 2011, Barcelona.

Gribbin, John. *Solos en el universo. El milagro de la vida en la Tierra*, Pasado & Presente, 2012, Barcelona.

Grof, Stanislav. *El juego cósmico*, Kairós, 1998, Barcelona.

Grof. S. Y otros. *La consciencia transpersonal*. Kairós 1998, Barcelona.

Grof, Vaughan, White, Varela y otros. *La evolución de la conciencia*, Kairós, 1993, Barcelona.

Grof y Laszlo. *La revolución de la conciencia*, Kairós, 2000, Barcelona.

Gott, Richard. *El viaje en el tiempo*, Editorial Tusquets, 2003, Barcelona.

Haisch, Bernard. *La teoría de Dios*, Gaia Edic., 2007, Madrid.

Hamer, Dean. *El gen de Dios*, La esfera de los Libros, 2006, Madrid.

Hawking, S. *Historia del tiempo*, Editorial Crítica, 1988, Barcelona.

Hitchens, Christopher. *Dios no es bueno*, Debate, 2008, Barcelona.

Impey, Chris. *Una historia del Cosmos*, Editorial Planeta, 2010, Barcelona.

Jou, David. *Introducción al mundo cuántico*, Editorial Pasado & Presente, 2012, Barcelona.

Kaku, Michio. *Hiperespacio*, Editorial Crítica, 1996, Barcelona.

Kaku, Michio. *Universos paralelos*, Editorial Atalanta, 2008, Girona.

Kaku, Michio. *Física de lo imposible*, Editorial Random House Mondadori, 2009, Barcelona.

Kaku, Michio. Physics of the future, Penguin Books, 2011, London.

Kerckhove, Derrick. *Inteligencia conexión*, Gedisa, 1999, Barcelona.

Kerckhove, Derrick. *La piel de la cultura: la nueva realidad electrónica*, Gedisa, 1999, Barcelona.

Laszlo, Ervin. *La ciencia y el campo Akásico*. Editorial Nowtilus, 2004, Madrid.

Laszlo. Ervin. *Cosmos creativo*, Editorial Kairós, 1997, Barcelona.

Lederman, León y Teresa, Dick. *La partícula divina*, Crítica, 1994, Barcelona.

Lommel, Pim Vam, *Consciencia más allá de la vida*, Editorial Atlanta, 2012, Girona.

Martín, Consuelo. *Conciencia y realidad*, Editorial Trotta, 1998, Madrid.

McTaggart, Lynne. *El campo*, Editorial Sirio, 2006, Málaga.

Penrose, R. *La nueva mente del Emperador*, Editorial Mondadori, 1991, Madrid.

Punset, Eduardo. *Cara a cara con la vida, la mente y el Universo*, Ediciones Destino, 2006, Barcelona.

Rees, Martin. *Nuestra hora final*, Crítica, 2003, Barcelona.

Rosenblum, B. y Kuttner. R. *El enigma cuántico*, Tusquets Editores, 2010, Barcelona.

Sagan, Carl. *El cerebro de Broca*, Crítica, 1994, Barcelona.

Sagan, C. *Cosmos*, Editorial Planeta, 1982, Barcelona

Sheldrake, R. McKenna, T. Abraham. R. *Caos, creatividad y consciencia cósmica*, Ediciones Edigo, 2005, Castellón.

Siegel, D. *La nueva ciencia de la transformación*, Paidós, 2011, Barcelona.

Talbot, Michael. *Misticismo y física moderna*. Editorial Kairós, 1985, Barcelona.

Weber, Renée. *Diálogos con científicos y sabios*, Los Libros de la Liebre de Marzo, 1990, Barcelona.

Wheeler, John. *Un viaje por la gravedad y el espacio-tiempo*, Alianza Editorial, 1994, Madrid.

Wilber, Ken. *Cuestiones cuánticas*, Editorial Kairós, 1986, Barcelona.

Wilber, K. Bohm, D. Pribram, K. Capra, F. Weber, R. y otros, *El paradigma holográfico*, Kairós, 1987, Barcelona.

Wilber, Ken. *La conciencia sin fronteras*, Kairós, 1985, Barcelona.

Wilber, K. Bohm, D. Pribram, K. Capra, F. Weber, R. y otros, *El paradigma holográfico*, Kairós, 1987, Barcelona.

Wilber, Grof, Tart, Levine, Sheldrake y otros. *¿Vida después de la muerte?* Kairós, 1993, Barcelona.

Wolf, Fred Alan. *La búsqueda del águila*, Los Libros de la Liebre de Marzo, 1993, Barcelona.

Wolf. Fred Alan. *Universos paralelos. La búsqueda de otros mundos,* Ellago Ediciones, 2010, Castellón.

Xuan Thuan, Trinh. *La melodía secreta,* Buridán, 1988.

Yensen, Richard. *Hacia una medicina psiquedélica,* Los Libros de la Liebre de Marzo, 1998, Barcelona.

Zukav, Gary. *La danza de los maestros,* Argos-Vergara, 1981, Barcelona.

SOMOS ENERGÍA CUÁNTICA
Jorge Blaschke

Descubre tus otras realidades y el nexo
entre la física cuántica y la percepción espiritual.

El hombre y su conexión con el Universo,
las fluctuaciones de partículas y energía en
nuestro organismo y el poder de nuestros
pensamientos en nuestra vida son algunas
de las premisas que han pasado de ser me-
ras intuiciones a fenómenos estudiados por
la ciencia. ¿Acaso existe una ley que rige los
principios por los cuales podemos acceder
a un cuerpo y una mente más sanos, me-
jorar nuestras relaciones personales y pros-
perar socialmente? Jorge Blaschke vuelve
a sorprendernos con un enfoque práctico
que interrelaciona los clásicos y las últimas
tendencias en temáticas de desarrollo personal.

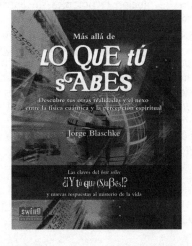

MÁS ALLÁ DEL PODER DE LA MENTE
Jorge Blaschke

Descubra el extraordinario potencial de la mente humana.

Una obra que interrelaciona el extraordinario trabajo de documentación de Jorge
Blaschke sobre el poder de la mente con los
trabajos fundamentales que Eduard Punset
y Joe Dispenza han realizado en los últimos
años. El autor de *Más allá del poder de la
mente* recoge las principales aportaciones
que estos y otros científicos han hecho sobre el papel actual de la mente humana y
sus múltiples posibilidades de cara al futuro que se avecina. Su evolución, como sus
mismas perspectivas, es infinita.

MÁS ALLÁ DE LO QUE TU SABES
Jorge Blaschke

Las claves del best seller ¡¡Y tú qué sabes!?
y nuevas respuestas al misterio de la vida.

Nos encontramos ante una obra exhausti-
vamente documentada que profundiza sobre el ser humano y la realidad que lo rodea
desde los campos de la física, la psicología,
la psiquiatría y la química, para responder
a nuestras preguntas fundamentales: ¿qué
es la realidad?,¿de dónde venimos? y ¿hacia dónde vamos? Adentrándose en estas
áreas del conocimiento, el libro plantea
respuestas, abre nuevas incógnitas y dibuja
caminos a seguir para resolver esos interrogantes.

LOS GATOS SUEÑAN CON FÍSICA CUÁNTICA Y LOS PERROS CON UNIVERSOS PARALELOS

Jorge Blaschke

Conozca los entresijos de la mecánicacuántica, uno de los más grandes avances del conocimiento humano en los últimos años

Jorge Blaschke se adentra en los pantanosos terrenos de la mecánica cuántica para desbrozar el significado de esta fantástica aventura que ha emprendido el ser humano en busca de respuestas que atenazan su existencia. Porque es en el ámbito de esta rama de la ciencia donde se está produciendo uno de los mayores avances en el conocimiento humano, y la prueba más reciente es el bosón de Higgs, la llamada partícula de la vida.

LA CIENCIA DE LO IMPOSIBLE

Jorge Blaschke

Conozca qué nuevos y sorprendentes descubrimientos hará la ciencia los próximos años.

Michio Kaku es un gran divulgador científico que ha hecho del rigor su principal bandera y de sus predicciones, un moderno laboratorio en el que científicos de medio mundo se han lanzado a investigar. No en vano Kaku anticipa que estamos al borde de una revolución tecnológica sin precedentes pero que con las herramientas y conocimientos adecuados no hemos de temer nada ya que podremos asumir el control de nuestro futuro. Jorge Blaschke se ha encargado de diseccionar los planteamientos de Michio Kaku para hacerlos llegar al lector en toda su magnitud, analizando los planteamientos de este famoso físico estadounidense de una manera didáctica e inteligible.